今すぐ使えるかんたん

Office 2024/
Microsoft 365 両対応

# Excel 2024

AYURA 著

Imasugu Tsukaeru Kantan Series
Excel 2024：Office 2024/Microsoft 365
AYURA

技術評論社

# 本書の使い方

- 画面の手順解説（赤い矢印の部分）だけを読めば、操作できるようになる！
- もっと詳しく知りたい人は、左側の「補足説明」を読んで納得！
- これだけは覚えておきたい機能を厳選して紹介！

**特長 1**
機能ごとにまとまっているので、「やりたいこと」がすぐに見つかる！

**特長 2**
赤い矢印の部分だけを読んで、パソコンを操作すれば、難しいことはわからなくても、あっという間に操作できる！

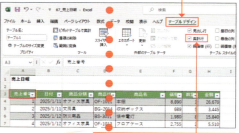

## 特長 3
やわらかい上質な紙を使っているので、**開いたら閉じにくい！**

## ● 補足説明（側注）
操作の補足的な内容を「側注」にまとめているので、よくわからないときに活用すると、疑問が解決！

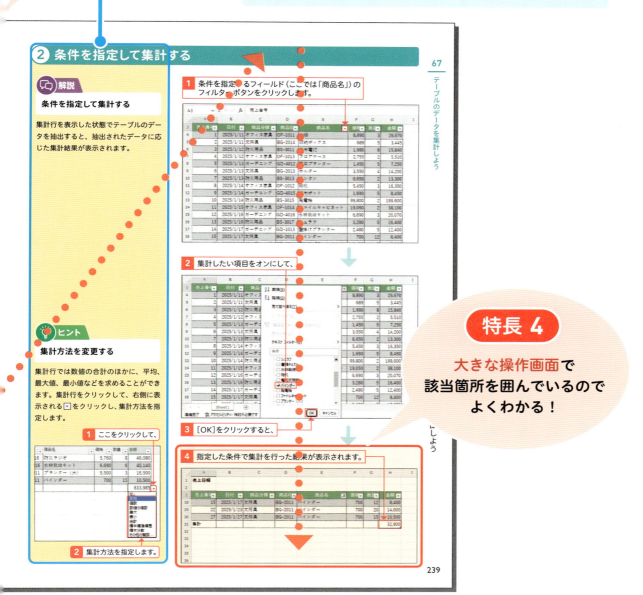

## 特長 4
**大きな操作画面**で該当箇所を囲んでいるのでよくわかる！

# サンプルファイルのダウンロード

本書では操作手順の理解に役立つサンプルファイルを用意しています。
サンプルファイルは、Microsoft Edgeなどのブラウザーを利用して、以下のURLのサポートページからダウンロードすることができます。ダウンロードしたときは圧縮ファイルの状態なので、展開してから使用してください（5ページ参照）。

```
https://gihyo.jp/book/2025/978-4-297-14585-9/support/
```

サンプルファイルのファイル名には、Section番号が付いています。
たとえば、「15_新入社員名簿.xlsx」というファイル名はSection 15のサンプルファイルであることを示しています。サンプルファイルは、そのSectionの開始する時点の状態になっています。「完成」フォルダーには、各Sectionの手順を実行したあとのファイルが入っています。
なお、Sectionの内容によってはサンプルファイルがない場合もあります。

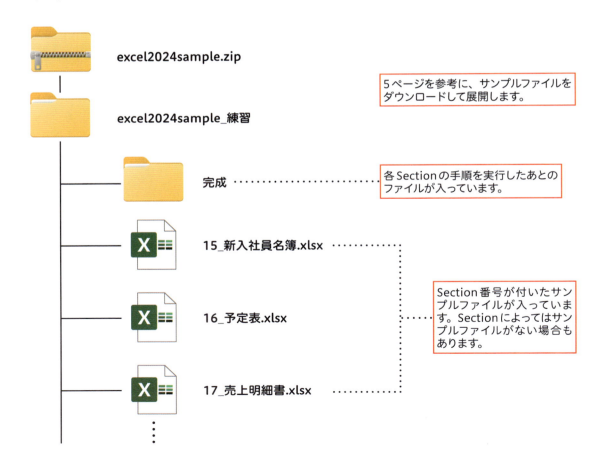

サンプルファイルのダウンロード

**1** ブラウザーを起動して、4ページのURLを入力し、サンプルのダウンロードページを開きます。

**2** [ダウンロード]の[サンプルファイル(excel2024sample.zip)]をクリックして、

**3** [ファイルを開く]をクリックします。

**4** エクスプローラー画面でファイルが開くので、

**5** 表示されたフォルダーをクリックして、

**6** [すべて展開]をクリックします。

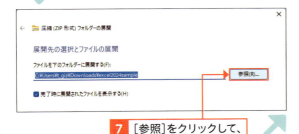

**7** [参照]をクリックして、

**8** [ダウンロード]をクリックし、

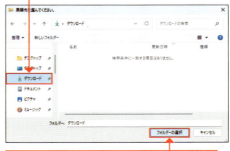

**9** [フォルダーの選択]をクリックします。

**10** [展開]をクリックすると、

**11** [ダウンロード]フォルダーにファイルが展開されます。

### 解説　保護ビューが表示された場合

サンプルファイルを開くと、[保護ビュー]というメッセージが表示されます。[編集を有効にする]をクリックすると、操作を行うことができます。

# パソコンの基本操作

- 本書の解説は、基本的にマウスを使って操作することを前提としています。
- お使いのパソコンのタッチパッドを使って操作する場合は、各操作を次のように読み替えてください。

## ① マウス操作

### クリック（左クリック）

クリック（左クリック）の操作は、画面上にある要素やメニューの項目を選択したり、ボタンを押したりする際に使います。

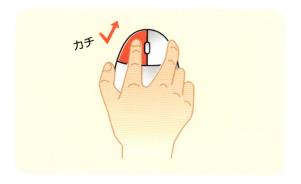

マウスの左ボタンを1回押します。

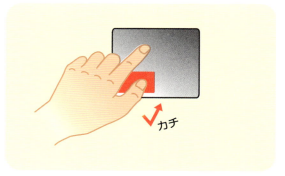

タッチパッドの左ボタン（機種によっては左下の領域）を1回押します。

### 右クリック

右クリックの操作は、操作対象に関する特別なメニューを表示する場合などに使います。

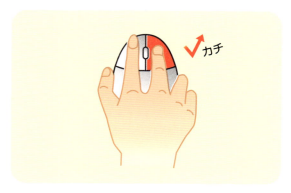

マウスの右ボタンを1回押します。

タッチパッドの右ボタン（機種によっては右下の領域）を1回押します。

### ダブルクリック

ダブルクリックの操作は、各種アプリを起動したり、ファイルやフォルダーなどを開く際に使います。

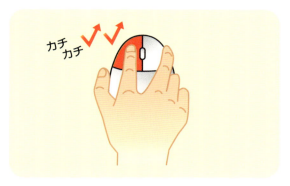

マウスの左ボタンをすばやく2回押します。

タッチパッドの左ボタン（機種によっては左下の領域）をすばやく2回押します。

### ドラッグ

ドラッグの操作は、画面上の操作対象を別の場所に移動したり、操作対象のサイズを変更する際などに使います。

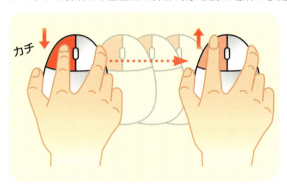

マウスの左ボタンを押したまま、マウスを動かします。目的の操作が完了したら、左ボタンから指を離します。

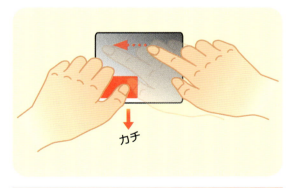

タッチパッドの左ボタン（機種によっては左下の領域）を押したまま、タッチパッドを指でなぞります。目的の操作が完了したら、左ボタンから指を離します。

---

**解説　ホイールの使い方**

ほとんどのマウスには、左ボタンと右ボタンの間にホイールが付いています。ホイールを上下に回転させると、Webページなどの画面を上下にスクロールすることができます。そのほかにも、Ctrl を押しながらホイールを回転させると、画面を拡大／縮小したり、フォルダーのアイコンの大きさを変えることができます。

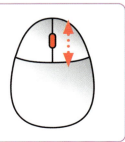

パソコンの基本操作

## ② 利用する主なキー

パソコンで文字を入力したり、特定の操作を行ったりするときには、キーボードを利用します。ここでは、本書で利用する主なキーを紹介します。なお、キーの配置は、メーカーやパソコンのモデルによって異なります。また、コパイロットキーなどは、一部のパソコンには搭載されていません。

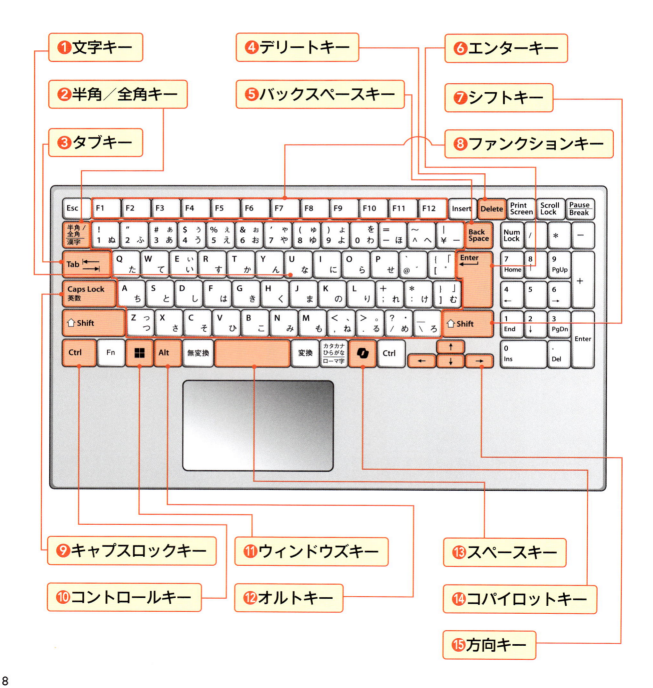

- ❶ 文字キー
- ❷ 半角／全角キー
- ❸ タブキー
- ❹ デリートキー
- ❺ バックスペースキー
- ❻ エンターキー
- ❼ シフトキー
- ❽ ファンクションキー
- ❾ キャプスロックキー
- ❿ コントロールキー
- ⓫ ウィンドウズキー
- ⓬ オルトキー
- ⓭ スペースキー
- ⓮ コパイロットキー
- ⓯ 方向キー

❶ **文字キー**
文字を入力します。

❷ **半角／全角キー**

日本語入力と英語入力を切り替えます。

❸ **タブキー**

タブ文字を入力したり、項目間のカーソルを移動したりします。

❹ **デリートキー**

入力位置を示すカーソルの右側の文字を1文字削除します。「Del」と表示されている場合もあります。

❺ **バックスペースキー**

入力位置を示すカーソルの左側の文字を1文字削除します。

❻ **エンターキー**

変換した文字を決定したり、改行したりするときに使います。

❼ **シフトキー**

文字キーの左上の文字や記号を入力するときに使います。

❽ **ファンクションキー**
12個のキーには、アプリごとによく使う機能が登録されています。

❾ **キャプスロックキー**

大文字と小文字の入力を切り替えるときに使います。

❿ **コントロールキー**
ほかのキーと組み合わせて操作を行います。

⓫ **ウィンドウズキー**
［スタート］メニューを表示するときに使います。

⓬ **オルトキー**
メニューバーのショートカット項目の選択など、ほかのキーと組み合わせて操作を行います。

⓭ **スペースキー**

ひらがなを漢字に変換したり、空白を入力したりするときに使います。

⓮ **コパイロットキー**

Copilotの機能を利用するときに使います。

⓯ **方向キー**

文字を入力したり、位置を移動したりするときに使います。

# 目次

## 第1章　Excelの基本操作を知ろう

**Section 01　Excelを起動／終了しよう** ———————————————— 26
Excelを起動して空白のブックを開く
Excelを終了する

**Section 02　Excelの画面構成を知ろう** ———————————————— 30
Excelの基本的な画面構成
画面の表示モード

**Section 03　リボンの基本操作を知ろう** ——————————————— 32
リボンを操作する
リボンの表示／非表示を切り替える
リボンからダイアログボックスを表示する
作業に応じたタブが表示される

**Section 04　ブックを保存しよう** —————————————————————— 36
ブックに名前を付けて保存する
ブックを上書き保存する

**Section 05　ブックを閉じよう** ——————————————————————— 38
保存したブックを閉じる

**Section 06　ブックを開こう** ———————————————————————— 40
保存してあるブックを開く

**Section 07　新しいブックを作成しよう** ——————————————— 42
新しいブックを作成する

# 第2章 表を作成しよう

**Section 08 データを入力しよう** ———————————————— 46

文字を入力する
文字を続けて入力する
数値を入力する

**Section 09 データを修正しよう** ———————————————— 52

データをすべて書き換える
データの一部を修正する

**Section 10 セル範囲を選択しよう** ———————————————— 54

セル範囲を選択する
離れた位置にあるセルを選択する
行や列を選択する
選択範囲から一部のセルの選択を解除する

**Section 11 データを削除しよう** ———————————————— 58

データを削除する
複数のセルのデータを削除する

**Section 12 データを移動しよう** ———————————————— 60

[切り取り] と [貼り付け] でデータを移動する
ドラッグ操作でデータを移動する

**Section 13 データをコピーしよう** ———————————————— 62

[コピー] と [貼り付け] でデータをコピーする
ドラッグ操作でデータをコピーする

**Section 14 日付を入力しよう** ———————————————— 64

今年の日付を入力する
今年以外の日付を入力する

**Section 15 同じデータや連続するデータを入力しよう** ———————————————— 66

同じデータをすばやく入力する
連続するデータをすばやく入力する

**Section 16　日付や曜日の連続データを入力しよう** ———————————— 68

連続した日付を入力する
連続した曜日を入力する

**Section 17　列の幅や行の高さを調整しよう** ———————————————— 70

列の幅を変更する
セルのデータに列の幅を合わせる

**Section 18　セルを追加／削除しよう** —————————————————————— 72

セルを追加する
セルを削除する

**Section 19　行や列を追加／削除しよう** ———————————————————— 74

行や列を追加する
行や列を削除する

**Section 20　行や列を移動／コピーしよう** ———————————————————— 76

行や列を移動する
行や列をコピーする
ドラッグ操作で行や列を移動／コピーする

## 第3章　数式を使って計算しよう

**Section 21　数式を入力しよう** ————————————————————————————— 82

数式を入力して計算する

**Section 22　セルを使って計算しよう** —————————————————————— 84

セル参照を利用して計算する

**Section 23　数式をコピーしよう** ————————————————————————— 86

数式をコピーする
コピーした数式を確認する

**Section 24　数式を修正しよう** ————————————————————————————— 88

数式を修正する

**Section 25** **セルを固定して計算しよう** 90

数式をコピーするとエラーが表示される
数式を絶対参照にしてコピーする

**Section 26** **数式のエラーを解決しよう** 94

エラーインジケーターとエラー値
エラーの内容を確認する
エラーを修正する

# 第4章 関数を使って計算しよう

**Section 27** **合計を計算しよう** 100

合計を求める
離れた位置にあるセルの合計を求める

**Section 28** **平均を計算しよう** 102

平均を求める
離れた位置にあるセルの平均を求める

**Section 29** **関数の数式を修正しよう** 104

関数の数式を修正する

**Section 30** **最大値／最小値を計算しよう** 106

最大値を求める
最小値を求める

**Section 31** **ふりがなを表示しよう** 108

ふりがなを表示する

**Section 32** **数値を四捨五入しよう** 110

数値を四捨五入する

**Section 33** **数値を切り上げ／切り捨てよう** 112

数値を切り上げる
数値を切り捨てる

**Section 34** **IF 関数を利用しよう** 114

条件に応じて処理を振り分ける

振り分ける処理の数を増やす

**Section 35** **SUMIF 関数を利用しよう** 118

条件を満たすセルの値を合計する

**Section 36** **XLOOKUP 関数を利用しよう** 120

2つの表を用意する

商品IDを入力して商品分類、商品名、価格を表示する

## 第5章 表の見た目を整えよう

**Section 37** **セルや文字に色を付けよう** 128

セルに色を付ける

文字に色を付ける

セルのスタイルを使ってセルや文字に色を付ける

**Section 38** **文字サイズやフォントを変更しよう** 132

文字サイズを変更する

フォントを変更する

**Section 39** **文字に太字／斜体／下線を設定しよう** 134

文字を太字にする

文字を斜体にする

文字に下線を付ける

**Section 40** **文字の配置を変更しよう** 138

文字をセルの中央に揃える

セルに合わせて文字を折り返す

文字を縮小して全体を表示する

文字を縦書きで表示する

**Section 41** **セルの表示形式を変更しよう** 142

セルの表示形式とは？

数値を桁区切りスタイルに変更する

数値をパーセントスタイルに変更する
小数点以下の表示桁数を変更する
マイナスの数値を赤色で表示する
数値を千円単位で表示する

**Section 42　日付の表示形式を変更しよう** ……………………………………… 148
日付の表示形式を変更する
日付を和暦で表示する

**Section 43　セルを結合しよう** ………………………………………………… 150
セルを結合して文字を中央に揃える
セルを横方向に結合する

**Section 44　セルに罫線を引こう** ……………………………………………… 152
表全体に罫線を引く
一部のセルに罫線を引く
罫線の種類を変更する
ドラッグして罫線を引く
罫線の一部を削除する

**Section 45　セルの書式をコピーしよう** ……………………………………… 158
書式をコピーする
書式を連続してコピーする

**Section 46　貼り付けのオプションを使いこなそう** ………………………… 160
貼り付けのオプションとは？
計算結果の値のみを貼り付ける
貼り付け先の書式に合わせる

## 第 6 章　グラフを作成しよう

**Section 47　グラフを作成しよう** ……………………………………………… 168
グラフを作成する

**Section 48　グラフを修正しよう** ……………………………………………… 170
グラフを移動する
グラフの大きさを変更する

グラフに表示するデータを変更する
グラフの種類を変更する

**Section 49　グラフの要素を追加しよう** ———————— 176

軸ラベルを追加する
軸ラベルの文字方向を変更する
目盛線を追加する

**Section 50　目盛と単位を変更しよう** ———————— 180

縦（値）軸の目盛範囲や間隔を変更する
縦（値）軸の表示単位を変更する

**Section 51　円グラフを作成しよう** ———————— 184

円グラフを作成する
円の大きさを変更する
項目名とパーセンテージを表示する
円グラフの色を変更する

**Section 52　折れ線グラフを作成しよう** ———————— 188

折れ線グラフを作成する
線の太さを変更する
マーカーの形やサイズを変更する

# 第7章　条件付き書式を設定しよう

**Section 53　条件付き書式を設定しよう** ———————— 196

条件付き書式を設定する

**Section 54　特定の文字を含むデータを目立たせよう** ———————— 198

特定の文字の色を変える

**Section 55　指定の値より大きなセルを目立たせよう** ———————— 200

指定の値より大きい数値に色を付ける
条件付き書式のルールを変更する

**Section 56　条件を満たす行を目立たせよう** ———————— 204

条件に一致する行に色を付ける

Section 57 **数値の大小をバーで表示しよう** ━━━━━━━━━━ 206

数値の大小をデータバーで表示する

Section 58 **数値の大小を色やアイコンで表示しよう** ━━━━━━ 208

数値の大小をカラースケールで表示する
数値の大小をアイコンで表示する

Section 59 **条件付き書式の設定を解除しよう** ━━━━━━━━━ 210

条件付き書式の設定を解除する

## 第8章 データを整理／抽出しよう

Section 60 **リスト形式のデータを用意しよう** ━━━━━━━━━━ 214

リスト形式のデータとは？
リストを作成する際に注意すること

Section 61 **見出しの行を固定しよう** ━━━━━━━━━━━━━━ 216

見出しの行を固定する

Section 62 **集計列／集計行だけを表示しよう** ━━━━━━━━━ 218

データをグループ化する
集計列だけを表示する
集計行だけを表示する
グループ化を解除する

Section 63 **データを並べ替えよう** ━━━━━━━━━━━━━━━ 222

データを昇順や降順に並べ替える
並べ替えをもとに戻す
複数の条件でデータを並べ替える
独自の条件でデータを並べ替える

Section 64 **条件に合ったデータを抽出しよう** ━━━━━━━━━ 228

条件に一致するデータを抽出する
数値を指定してデータを抽出する

Section 65 **テーブルを作成しよう** ━━━━━━━━━━━━━━━ 232

テーブルとは？

17

リストをテーブルに変換する

**Section 66　テーブルのデータを抽出しよう** ──────── 234

テーブルからデータを抽出する
条件を細かく指定してデータを抽出する
スライサーを追加してデータを抽出する

**Section 67　テーブルのデータを集計しよう** ──────── 238

テーブルに集計行を追加する
条件を指定して集計する

**Section 68　ピボットテーブルを作成しよう** ──────── 240

ピボットテーブルとは？
ピボットテーブルを作成する
ピボットテーブルにフィールドを配置する
フィールドを入れ替える

**Section 69　ピボットテーブルを操作しよう** ──────── 244

集計方法を変更する
計算の種類を変更する

**Section 70　ピボットテーブルの集計期間を指定しよう** ──────── 246

タイムラインを追加する
集計期間を指定する

## 第9章　シートやブックを使いこなそう

**Section 71　シートを追加／削除しよう** ──────── 252

シートを追加する／切り替える
シートを削除する

**Section 72　シートの名前を変更しよう** ──────── 254

シート名を変更する
シート見出しに色を付ける

**Section 73　シートをコピー／移動しよう** ──────── 256

シートをコピーする

シートを移動する
ブック間でシートをコピーする
ブック間でシートを移動する

**Section 74　複数のシートをまとめて編集しよう** ———————— 260

シートをグループ化する
複数のシートを編集する

**Section 75　複数のシートをまとめて集計しよう** ———————— 262

複数のシートをまたいだデータを集計する

**Section 76　ブックを並べて表示しよう** ———————————————— 264

ウィンドウを上下に分割する
複数のブックを左右に並べて表示する
同じブック内のシートを左右に並べて表示する

**Section 77　シートを保護しよう** ———————————————————— 268

シートの保護とは？
編集を許可するセル範囲を設定する
シートを保護する
保護したシートを編集する

**Section 78　ブックにパスワードを設定しよう** ———————————— 272

ブックにパスワードを設定する
パスワードを設定したブックを開く

## 第10章　表を印刷しよう

**Section 79　表を印刷しよう** ——————————————————————— 278

印刷プレビューを表示する
印刷の向きや用紙サイズ、余白の設定を行う
印刷を実行する

**Section 80　1ページに収めて印刷しよう** ———————————————— 282

印刷プレビューで確認する
はみ出した表を1ページに収める

**Section 81** 印刷する範囲を指定しよう ........................................ 284

印刷範囲を設定する
選択した範囲を印刷する

**Section 82** 改ページの位置を変更しよう ...................................... 286

改ページプレビューを表示する
改ページ位置を調整する

**Section 83** ヘッダー／フッターを追加しよう .................................. 288

ヘッダーにファイル名を表示する
フッターにページ番号と総ページ数を表示する

**Section 84** 見出しを常に印刷しよう .......................................... 292

印刷タイトルを設定する

**Section 85** グラフだけを印刷しよう .......................................... 294

グラフを印刷する

## 第11章 Excelをもっと便利に使おう

**Section 86** 間違えた操作を取り消そう ........................................ 296

操作をもとに戻す
操作をやり直す

**Section 87** 画面表示を拡大しよう ............................................ 298

画面を拡大／縮小表示する
選択したセル範囲をウィンドウ全体に表示する

**Section 88** クイックアクセスツールバーを利用しよう .......................... 300

クイックアクセスツールバーにコマンドを追加する
メニューやタブに表示されていないコマンドを追加する

**Section 89** セルにメモを付けよう ............................................ 302

セルにメモを付ける
セルのメモを削除する

Section 90 **データを検索しよう** 304

データを検索する

Section 91 **データを置換しよう** 306

データを置換する

Section 92 **行や列を非表示にしよう** 308

列を非表示にする
非表示にした列を再表示する

Section 93 **表に図形を挿入しよう** 310

Excelに挿入できるオブジェクト
図形を描いて文字を入力する
図形を編集する
図形の色を変更する

Section 94 **表に画像を挿入しよう** 314

セル内に画像を挿入する

Section 95 **入力規則を設定しよう** 316

セルに入力規則を設定する
データを入力候補から選択できるようにする
入力時のメッセージを設定する
規則に違反した際のメッセージを設定する
セルごとに日本語入力モードを切り替える

Section 96 **PDF形式で保存しよう** 322

シートをPDF形式で保存する

Section 97 **OneDriveを利用しよう** 324

Microsoftアカウントでサインインする
ブックをOneDriveに保存する
エクスプローラーでOneDriveのファイルを確認する
Web上からOneDriveを利用する

| Appendix 1 | Excelの便利なショートカットキー | 328 |
| Appendix 2 | ローマ字・かな変換表 | 329 |

索引 330

**ご注意：ご購入・ご利用の前に必ずお読みください**

- 本書に記載された内容は、情報提供のみを目的としています。したがって、本書を用いた運用は、必ずお客様自身の責任と判断によって行ってください。これらの情報の運用の結果について、技術評論社および著者はいかなる責任も負いません。

- ソフトウェアに関する記述は、特に断りのないかぎり、2024年12月現在での最新情報をもとにしています。これらの情報は更新される場合があり、本書の説明とは機能内容や画面図などが異なってしまうことがあり得ます。あらかじめご了承ください。

- 本書の内容は、以下の環境で制作し、動作を検証しています。使用しているパソコンによっては、機能内容や画面図が異なる場合があります。
  ・Windows 11 Home
  ・Excel 2024

- インターネットの情報については、URLや画面などが変更されている可能性があります。ご注意ください。

以上の注意事項をご承諾いただいた上で、本書をご利用願います。これらの注意事項をお読みいただかずに、お問い合わせいただいても、技術評論社および著者は対処しかねます。あらかじめご承知おきください。

■本書に掲載した会社名、プログラム名、システム名などは、米国およびその他の国における登録商標または商標です。本文中では™、®マークは明記していません。

第 **1** 章

# Excelの基本操作を知ろう

Section 01 **Excelを起動／終了しよう**

Section 02 **Excelの画面構成を知ろう**

Section 03 **リボンの基本操作を知ろう**

Section 04 **ブックを保存しよう**

Section 05 **ブックを閉じよう**

Section 06 **ブックを開こう**

Section 07 **新しいブックを作成しよう**

 この章で学ぶこと

# Excelの基本操作を知ろう

## ▶ Excelの文書と保存

### ● Excel文書の作成

Excelで文書を作成するには、Excelを起動して、スタート画面で[空白のブック]をクリックし、新しいブックを作成します。

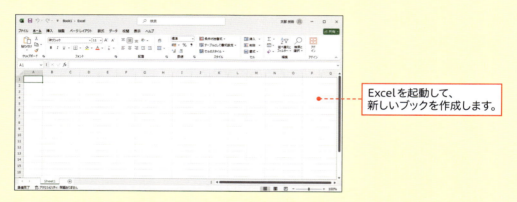

Excelを起動して、新しいブックを作成します。

### ● Excel文書の保存

文書を作成して、ファイル(ブック)として「名前を付けて保存」します。保存した文書は、何度でも繰り返し利用できます。保存済みの文書を開いて内容を編集したあと、同じ場所に同じファイル名で保存する場合は、「上書き保存」します。

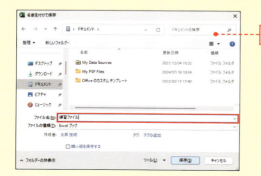

文書を作成して、ファイル名を付けて保存します。

## ▶ Excelの操作と表示モード

### ● Excelの操作

Excelを操作するには、画面上部にあるリボンを利用します。表の体裁を整えたり、計算を行ったり、グラフを作成したりといったさまざまな操作を、用途別に用意されたリボンのタブから、目的のコマンドを選んで実行します。

用途別に用意されたリボンのタブから、目的のコマンドを選んで実行します。

### ● 画面の表示モード

Excelには、「標準」「改ページプレビュー」「ページレイアウト」の3つの表示モードが用意されています。通常は「標準」に設定されています。「改ページプレビュー」は、印刷時の改ページ位置を調整するときなどに利用します。「ページレイアウト」は、ヘッダーやフッターを追加するときなどに利用します。

「改ページプレビュー」は、印刷時の改ページ位置を調整するときなどに利用します。

「ページレイアウト」は、ヘッダーやフッターを追加するときなどに利用します。

1 Excelの基本操作を知ろう

## Section 01 Excelを起動／終了しよう

**ここで学ぶこと**
・起動
・スタート画面
・終了

Excelを**起動**してみましょう。Excelが起動するとスタート画面が表示されるので、そこから目的の操作を選択します。作業が終わったら、[閉じる]をクリックしてExcelを**終了**します。

練習▶ファイルなし

### ① Excelを起動して空白のブックを開く

> 💡 **ヒント**
> **[Excel]が表示されていない場合**
>
> スタートメニューに[Excel]が表示されていない場合は、スタートメニューで[すべてのアプリ]をクリックして一覧を表示し、[Excel]をクリックします。
>
>
>
> [すべてのアプリ]を表示して[Excel]をクリックします。

> ✨ **応用技**
> **スタートメニューに登録する**
>
> Excelをスタートメニューに登録するには、[すべてのアプリ]で[Excel]を右クリックし、[スタートにピン留めする]をクリックします。

**1** Windows 11を起動して、

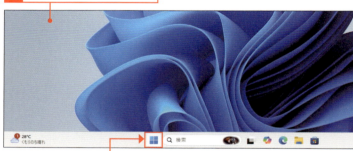

**2** [スタート]をクリックすると、

**3** スタートメニューが表示されます。

左の「ヒント」参照

**4** [Excel]をクリックすると、

## 解説

### Windows 10 の場合

Windows 10でExcelを起動する場合は、[スタート]をクリックします。スタートメニューが表示されるので、メニューを下方向にスクロールして、[Excel]をクリックします。

**1** [スタート]をクリックして、

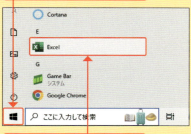

**2** [Excel]をクリックします。

## 重要用語

### ブック

Excelで作成したファイルのことを、「ブック」といいます。ブックは、1つあるいは複数のシートから構成されます。

**5** Excelが起動して、スタート画面が開きます。

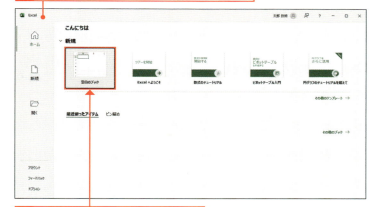

**6** [空白のブック]をクリックすると、

**7** 新しいブックが作成されます。

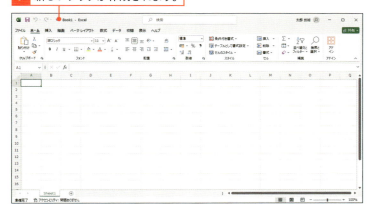

## 補足　画面の背景と色

Excelでは、画面の背景や色を自由に設定できます。設定を変更するには、[ファイル]タブの[その他]（画面のサイズが大きい場合は不要）から[アカウント]をクリックして、アカウント画面を表示します。[Officeの背景]で背景の模様、[Officeテーマ]で画面の色を選択します。なお、本書の操作画面図は、それぞれ「背景なし」「システム設定を使用する」を選択したものになっています。

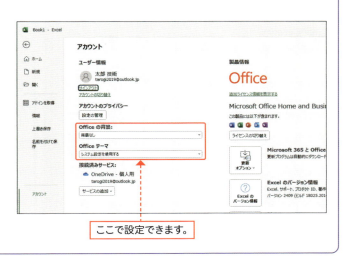

ここで設定できます。

01 Excelを起動／終了しよう

1 Excelの基本操作を知ろう

## ❷ Excelを終了する

### 💬 解説

**複数のブックを開いている場合**

Excelを終了するには、右の手順で操作します。ただし、複数のブックを開いている場合は、クリックしたウィンドウのブックだけが閉じます。

1 [閉じる]をクリックすると、

2 Excelが終了し、デスクトップ画面が表示されます。

### ⌨ ショートカットキー

**Excelを終了する**

[Alt] + [F4]

---

### ✏ 補足　ブックを保存していない場合

ブックの作成や編集をしていた場合、ブックを保存しないでExcelを終了しようとすると、右図のダイアログボックスが表示されます。保存する場合は、ファイル名を入力して保存場所を指定し、[保存]をクリックします。
保存せずに終了するには、[保存しない]をクリックします。Excelの終了を取り消すには、[キャンセル]をクリックします。
なお、[その他のオプション]をクリックすると、[名前を付けて保存]ダイアログボックスが表示されます（37ページ参照）。

## 🕐 時短 Excelをすばやく起動できるようにする

画面下部にあるタスクバーにExcelのアイコンを登録しておくと、スタートメニューを表示しなくてもすばやく起動することができます。スタートメニューまたは[すべてのアプリ]にある[Excel]を右クリックして[タスクバーにピン留めする]をクリックすると登録されます。また、Excelを起動して、タスクバーに表示されるExcelのアイコンを右クリックし、[タスクバーにピン留めする]をクリックしても登録できます。
アイコンの登録を解除するには、登録したExcelのアイコンを右クリックして、[タスクバーからピン留めを外す]をクリックします。

### タスクバーに登録する

1 スタートメニューまたは[すべてのアプリ]を表示します。

2 Excelのアイコンを右クリックして、

3 [タスクバーにピン留めする]をクリックすると、

4 タスクバーにExcelのアイコンが登録されます。

### 登録を解除する

1 Excelのアイコンを右クリックして、

2 [タスクバーからピン留めを外す]をクリックします。

## ✏️ 補足 テンプレートを使用して新しいブックを作成する

テンプレートとは、新しいブックを作成する際のひな形となるファイルのことです。テンプレートを利用すると、書式や数式などがあらかじめ設定された状態の文書をかんたんに作成することができます。[ファイル]タブから[新規]をクリックすると表示される[新規]画面から探すか、[オンラインテンプレートの検索]ボックス、あるいは[検索の候補]から検索します。

テンプレートを利用して新規ブックを作成することもできます。

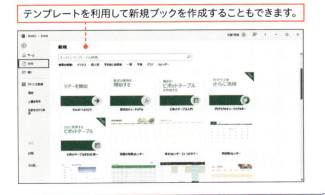

## Section 02 Excelの画面構成を知ろう

**ここで学ぶこと**
・タブ
・コマンド
・シート

Excelの画面は、機能を実行するための**タブ**と、各タブにある**コマンド**、表やグラフなどを作成するための**シート**から構成されています。画面の各部の名称とその機能を、ここでしっかり確認しておきましょう。

 練習▶ファイルなし

### ① Excelの基本的な画面構成

Excelの基本的な作業は、下図の画面で行います。なお、パソコンの画面の解像度やExcel画面のサイズによって、リボンに表示されるコマンドの内容が異なります。また、Excelのバージョンやお使いの環境によって、表示されるタブの数や画面構成が異なる場合があります。

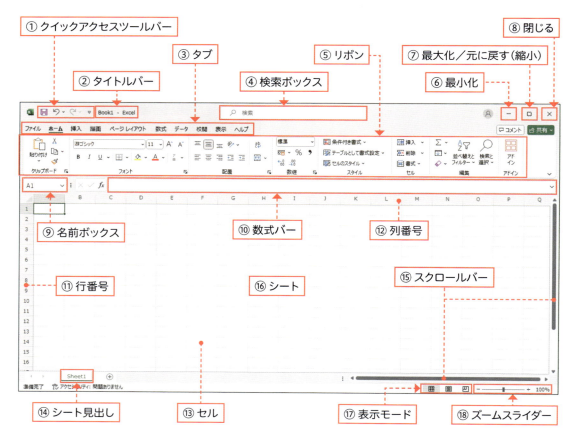

① クイックアクセスツールバー
② タイトルバー
③ タブ
④ 検索ボックス
⑤ リボン
⑥ 最小化
⑦ 最大化／元に戻す(縮小)
⑧ 閉じる
⑨ 名前ボックス
⑩ 数式バー
⑪ 行番号
⑫ 列番号
⑬ セル
⑭ シート見出し
⑮ スクロールバー
⑯ シート
⑰ 表示モード
⑱ ズームスライダー

| 名称 | 機能 |
|---|---|
| ① クイックアクセスツールバー | 頻繁に使うコマンドが表示されています。コマンドの追加や削除などもできます。Excelのバージョンやお使いの環境によっては［自動保存］が表示される場合があります。 |
| ② タイトルバー | 作業中のファイル名を表示しています。 |
| ③ タブ | 名前の部分をクリックしてタブを切り替えます。Excelのバージョンやお使いの環境によって、表示されるタブの数や内容が異なる場合があります。 |
| ④ 検索ボックス | アプリの機能を検索したり、ファイル内のテキストや単語、語句などを検索します。 |
| ⑤ リボン | コマンドを一連のタブに整理して表示します。コマンドはグループ分けされています。 |
| ⑥ 最小化 | Excelをタスクバーに格納します。タスクバーのExcelアイコンをクリックすると、再び表示されます。 |
| ⑦ 最大化／元に戻す（縮小） | Excel画面の最大化と縮小表示を切り替えます。 |
| ⑧ 閉じる | ブックを閉じたり、Excelを終了したりします。 |
| ⑨ 名前ボックス | 現在選択されているセルの位置（列番号と行番号によってセルの位置を表したもの）、またはセル範囲の名前を表示します。 |
| ⑩ 数式バー | 現在選択されているセルのデータまたは数式を表示します。 |
| ⑪ 行番号 | 行の位置を示す数字を表示しています。 |
| ⑫ 列番号 | 列の位置を示すアルファベットを表示しています。 |
| ⑬ セル | 表のマス目です。操作の対象となっているセルを「アクティブセル」といいます。 |
| ⑭ シート見出し | シートを切り替える際に使用します。 |
| ⑮ スクロールバー | シートを縦横にスクロールする際に使用します。 |
| ⑯ シート | Excelの作業スペースです。「ワークシート」とも呼ばれます。 |
| ⑰ 表示モード | ブックの表示モードを切り替えます。 |
| ⑱ ズームスライダー | シートの表示倍率を変更します。 |

## ② 画面の表示モード

Excelには、「標準」「改ページプレビュー」「ページレイアウト」の3つの表示モードが用意されています。通常は「標準」に設定されています。「改ページプレビュー」は、印刷時の改ページ位置を調整するときなどに利用します。「ページレイアウト」は、ヘッダーやフッターを追加したり、印刷イメージを確認しながらセル幅や余白などを調整したりするときに利用します。
表示モードは、［表示］タブのコマンドか、画面右下の「表示モード」のコマンドから切り替えます。

［表示］タブのコマンドで切り替える

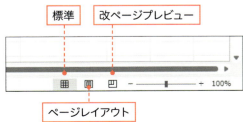

標準　改ページプレビュー　ページレイアウト

## Section 03 リボンの基本操作を知ろう

**ここで学ぶこと**
- リボン
- タブ
- ダイアログボックス

Excelでは、ほとんどの機能を**リボン**に表示される**コマンド**で実行します。初期状態で表示されているタブのほか、作業内容に応じて表示されるタブもあります。**リボンの表示／非表示を切り替える**こともできます。

練習▶ファイルなし

### 1 リボンを操作する

#### 解説
**リボンを切り替えて機能を実行する**

リボンの中には、コマンドが用途別の「グループ」に分かれて配置されています。各グループにあるコマンドをクリックすることによって、直接機能を実行したり、メニューやダイアログボックス、作業ウィンドウなどを表示して機能を実行したりします。

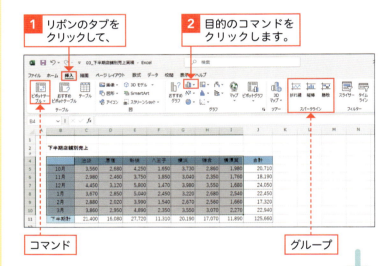

1 リボンのタブをクリックして、
2 目的のコマンドをクリックします。
コマンド　　グループ

#### ヒント
**メニューの表示**

コマンドの右側や下側に ▼ が表示されているときは、さらに詳細な機能が実行できることを示しています。▼ をクリックすると、ドロップダウンメニュー（プルダウンメニューともいいます）が表示されます。

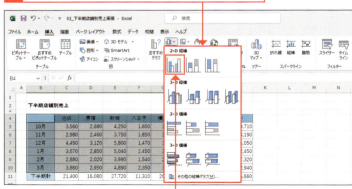

3 ドロップダウンメニューが表示されたときは、
4 メニューから目的の機能をクリックします。

## ② リボンの表示／非表示を切り替える

### 解説

**リボンの表示／非表示**

リボンの右下にある[リボンの表示オプション] ∨ をクリックすると、タブの名前の部分のみが表示されます。目的のタブをクリックすると、一時的にリボンが表示されます。リボンが常に表示された状態に戻すには、右の手順のほかに、いずれかのタブをダブルクリックしても、もとの表示に戻ります。

### ショートカットキー

**リボンの表示／非表示**

[Ctrl] + [F1]

### 補足

**画面が異なる場合**

お使いのExcelのバージョンによっては、リボンの表示／非表示の方法が異なる場合があります。リボンの右端に[リボンを折りたたむ] ∧ が表示される場合は、∧ をクリックするとリボンが折りたたまれます。いずれかのタブをダブルクリックすると、もとの表示に戻ります。

リボンを折りたたむ

---

1 [リボンの表示オプション]をクリックして、

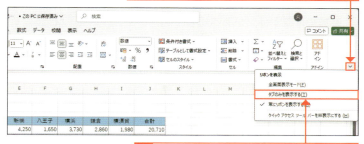

2 [タブのみを表示する]をクリックすると、

3 リボンが折りたたまれ、タブの名前の部分のみが表示されます。

4 目的のタブの名前の部分をクリックすると、

5 リボンが一時的に表示され、クリックしたタブの内容が表示されます。

6 [リボンの表示オプション]をクリックして、

7 [常にリボンを表示する]をクリックすると、リボンが常に表示された状態になります。

## ③ リボンからダイアログボックスを表示する

### 💬 解説

**追加のオプションがある場合**

グループの右下に  が表示されているときは、そのグループに追加のオプションがあることを示しています。 をクリックすると、オプションを設定するためのダイアログボックスが表示されます。

**1** いずれかのタブをクリックして、

**2** グループの右下にあるここをクリックすると、

**3** そのグループに関連するダイアログボックスが表示され、詳細な設定を行うことができます。

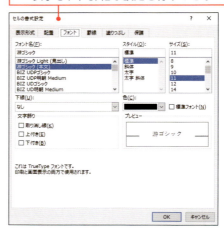

---

### ✏️ 補足　Excelのオプション

Excelの全体的な機能の設定は、[ファイル]タブの[その他]（画面のサイズが大きい場合は不要）から[オプション]をクリックすると表示される[Excelのオプション]ダイアログボックスで行います。
Excelを操作するための一般的なオプションのほか、リボンやクイックアクセスツールバーのカスタマイズ、アドインの管理やセキュリティに関する設定など、Excel全体に関する詳細な設定を行うことができます。

タブをクリックすると、
右側に設定項目が表示されます。

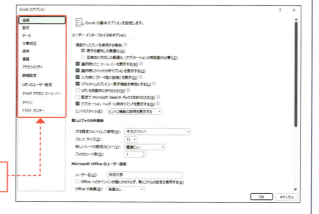

## ④ 作業に応じたタブが表示される

### 💡 ヒント

**タブは作業に応じて変化する**

Excelでは、作業に応じて必要なタブが通常のタブの右側に表示されることがあります。このタブのことを「コンテキストタブ」といいます。

**1** グラフをクリックすると、

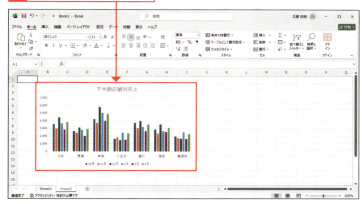

**2** [グラフのデザイン]タブと[書式]タブが表示されます。

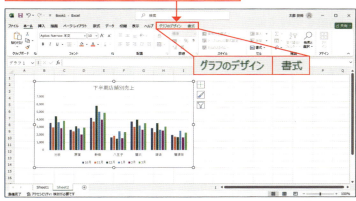

**3** [グラフのデザイン]タブをクリックすると、

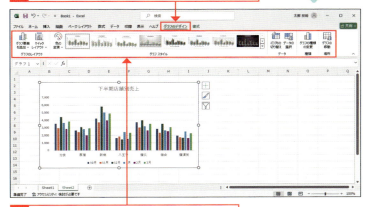

**4** リボンが切り替わり、グラフのデザインを編集するコマンドが表示されます。

### 💬 解説

**コンテキストタブの種類**

コンテキストタブには、[グラフのデザイン]タブと[書式]タブのほかに、ピボットテーブルを作成すると表示される[ピボットテーブル分析]タブと[デザイン]タブ（246ページ参照）、図形を挿入すると表示される[図形の書式]タブ（313ページ参照）などがあります。

# Section 04 ブックを保存しよう

**ここで学ぶこと**
・名前を付けて保存
・上書き保存
・保存形式

ブックの保存には、新規に作成したブックにファイル名を付けて保存する**名前を付けて保存**と、ファイル名を変更せずに内容を更新する**上書き保存**があります。ブックに名前を付けて保存する際は、**保存場所の指定**を行います。

練習▶ファイルなし

## ❶ ブックに名前を付けて保存する

### 💡ヒント
**名前を付けて保存**

はじめてファイルを保存する場合は、保存場所とファイル名の指定を行います。右の方法のほか、タイトルバーの左側にある[上書き保存]  をクリックしても、[名前を付けて保存]ダイアログボックスが表示されます。なお、Excelのバージョンやお使いの環境によって、画面に表示されるコマンドの内容が変わります。

### 💡ヒント
**ブックをOneDriveに保存する**

ブックをOneDrive（324ページ参照）に保存する場合は、[OneDrive-個人用]をクリックし、保存先を指定して保存します。
なお、OneDriveに保存した場合は[自動保存]が有効になり、以降は変更内容が自動的に保存されます。保存場所とファイル名を変更して保存する場合は、手順❷で[コピーを保存]をクリックし、手順❸以降の操作を行います。

**1** [ファイル]タブをクリックして、

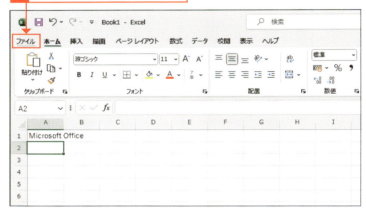

**2** [名前を付けて保存]をクリックし、

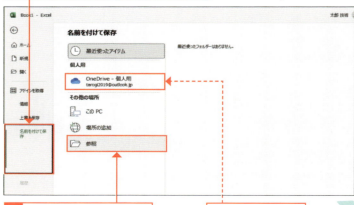

**3** [参照]をクリックします。　　左の「ヒント」参照

### 保存形式を選択する場合は

Excelで作成したブックは、[Excelブック]形式で保存されます。そのほかの形式で保存する場合は、[名前を付けて保存]ダイアログボックスの[ファイルの種類]から保存形式を選択します。

**4** 保存場所を指定して、　**5** ファイル名を入力し、

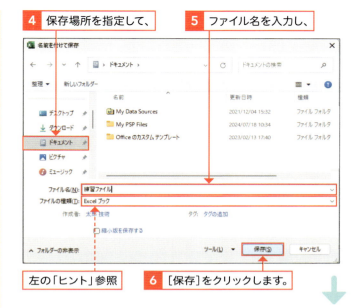

左の「ヒント」参照　**6** [保存]をクリックします。

**7** ブックが保存され、タイトルバーにファイル名が表示されます。

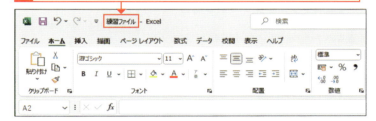

### ショートカットキー

**名前を付けて保存**

F12

## ② ブックを上書き保存する

### 解説

**上書き保存**

保存済みのファイルを開いて編集したあと、同じ場所に同じファイル名で保存する場合は、上書き保存します。上書き保存は、[ファイル]タブをクリックして、[上書き保存]をクリックしても行うことができます。

### ショートカットキー

**上書き保存**

Ctrl + S

**1** [上書き保存]をクリックすると、ブックが上書き保存されます。

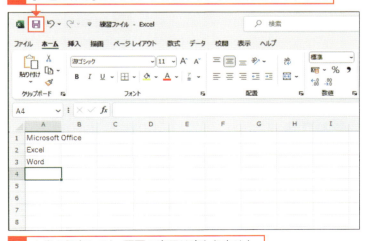

**2** 上書き保存しても、画面の表示は変わりません。

04 ブックを保存しよう

1 Excelの基本操作を知ろう

05 | ブックを閉じよう

## Section 05

# ブックを閉じよう

### ここで学ぶこと
- 閉じる
- Backstage ビュー
- [ファイル]タブ

作業が終了してブックを保存したら、**ブックを閉じます**。ブックを閉じても **Excel 自体は終了しない**ので、新規のブックを作成したり、保存したブックを開いたりして、すぐに作業を始めることができます。

 練習▶ファイルなし

## 1 保存したブックを閉じる

 **ヒント**

**複数のブックが開いている場合**

複数のブックを開いている場合は、右の操作を行うと、現在作業中のブックだけが閉じます。

**1** [ファイル]タブをクリックします。

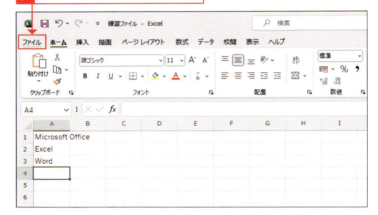

**2** [その他]をクリックして、

 **補足**

**画面のサイズが大きい場合**

画面のサイズが大きい場合は、右の手順 **2** の[その他]をクリックする操作は不要です。直接[閉じる]をクリックできます。

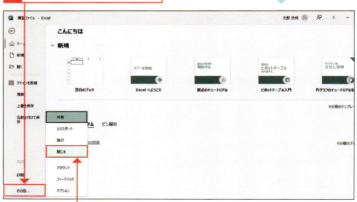

**3** [閉じる]をクリックすると、

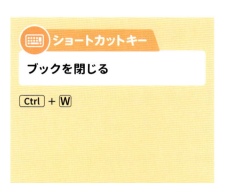

**ショートカットキー**

ブックを閉じる

`Ctrl` + `W`

4 作業中のブックが閉じます。

## 補足 Backstageビュー

[ファイル] タブをクリックすると表示される画面を「Backstageビュー」といいます。Backstageビューには、新規、開く、保存、印刷、閉じるなどのファイルに関する機能や、Excelの操作に関するさまざまなオプションを設定できる機能が用意されています。ここでは、[情報]を表示しています。

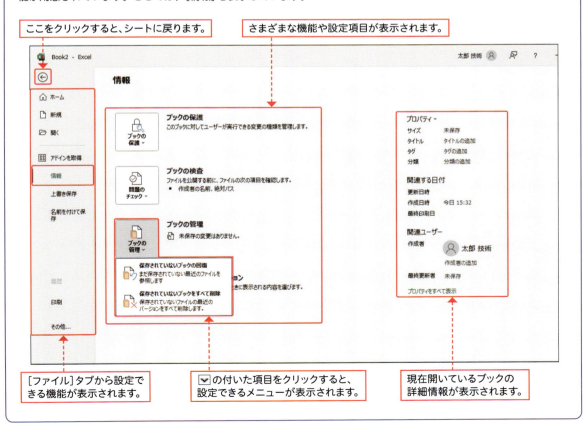

ここをクリックすると、シートに戻ります。

さまざまな機能や設定項目が表示されます。

[ファイル]タブから設定できる機能が表示されます。

▼の付いた項目をクリックすると、設定できるメニューが表示されます。

現在開いているブックの詳細情報が表示されます。

# Section 06 ブックを開こう

**ここで学ぶこと**
・開く
・最近使ったアイテム
・ジャンプリスト

保存してあるブックを開くには、[ファイルを開く]ダイアログボックスを利用します。また、[ファイル]タブの[開く]で表示される[最近使ったアイテム]や、タスクバーのジャンプリストから開くこともできます。

練習▶ファイルなし

## ① 保存してあるブックを開く

### 💡 ヒント

**最近使ったブックを開く**

[ファイル]タブをクリックして、[開く]をクリックすると、最近使ったアイテムの一覧が表示されます。この中から目的のブックをクリックしても開くことができます。

最近使ったブックの一覧が表示されます。

**1** [ファイル]タブをクリックして、

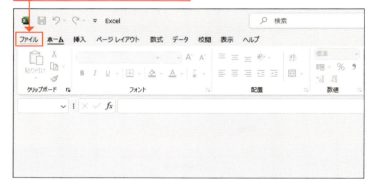

**2** [開く]をクリックし、

**3** [参照]をクリックします。

40

## ショートカットキー

**ファイルを開く**

Ctrl + O

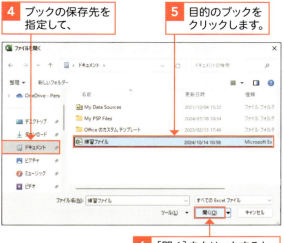

4 ブックの保存先を指定して、

5 目的のブックをクリックします。

6 [開く]をクリックすると、

## ヒント

**ブックのアイコンから開く**

デスクトップ上やフォルダーの中にあるブックのアイコンをダブルクリックしても、ブックを開くことができます。

デスクトップに保存されたブックのアイコン

7 目的のブックが開きます。

### 時短　タスクバーのジャンプリストからブックを開く

Excelを起動すると、タスクバーにExcelのアイコンが表示されます。そのアイコンを右クリックすると最近編集／保存したブックの一覧が表示されるので、そこから目的のブックを開くこともできます。頻繁に使うブックは、マウスポインターを合わせると右側に表示される[一覧にピン留めする]をクリックすると、一覧の上部に固定することができます。

また、Excelのアイコンをタスクバーに登録しておくと（29ページの「時短」参照）、Excelが起動していなくても、ジャンプリストを開くことができます。

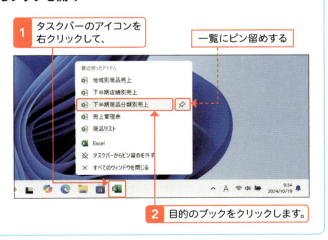

1 タスクバーのアイコンを右クリックして、

一覧にピン留めする

2 目的のブックをクリックします。

# Section 07 新しいブックを作成しよう

**ここで学ぶこと**
- [ファイル]タブ
- 新規
- 空白のブック

Excelの起動画面で[空白のブック]をクリックすると、新しいブックが作成できます。すでにExcelを開いている状態から新しいブックを作成するには、[ファイル]タブの[新規]から[空白のブック]をクリックします。

練習▶ファイルなし

## ① 新しいブックを作成する

### 解説 新しいブックを作成する

ここでは、すでにブックを開いている状態から新しいブックを作成しています。なお、Excelを起動した直後は、[空白のブック]をクリックすると新しいブックが作成されます(26ページ参照)。

**1** [ファイル]タブをクリックして、

**2** [新規]をクリックします。

### ショートカットキー 新しいブックを作成する

`Ctrl` + `N`

**3** [空白のブック]をクリックすると、

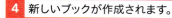

**4** 新しいブックが作成されます。

### 解説 新しいブックの名前

新しく作成したブックには、「Book2」「Book3」のような仮の名前が付けられます。ブックに名前を付けて保存すると、その名前に変更されます。

# 第2章

## 表を作成しよう

| | |
|---|---|
| Section 08 | データを入力しよう |
| Section 09 | データを修正しよう |
| Section 10 | セル範囲を選択しよう |
| Section 11 | データを削除しよう |
| Section 12 | データを移動しよう |
| Section 13 | データをコピーしよう |
| Section 14 | 日付を入力しよう |
| Section 15 | 同じデータや連続するデータを入力しよう |
| Section 16 | 日付や曜日の連続データを入力しよう |
| Section 17 | 列の幅や行の高さを調整しよう |
| Section 18 | セルを追加／削除しよう |
| Section 19 | 行や列を追加／削除しよう |
| Section 20 | 行や列を移動／コピーしよう |

この章で学ぶこと

# 表作成の基本を知ろう

## ▶ データを入力／編集する

### ●データを入力する

文字や数値、日付などのデータを入力します。Excelでデータを入力すると、適切な表示形式が自動的に設定されます。同じデータや連続したデータをすばやく入力するための機能も用意されています。

### ●データを編集する

必要に応じてデータを修正したり、不要なデータを削除したりして、データを編集します。

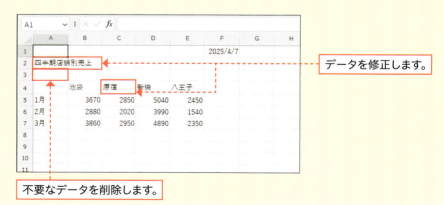

## ▶ 表の内容や体裁を調整する

### ●データを移動／コピーする

データを移動したり、コピーしたりして表の内容を調整します。移動するには[ホーム]タブの[切り取り]と[貼り付け]を使います。コピーするには[コピー]と[貼り付け]を使います。

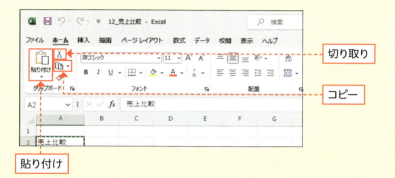

### ●列の幅や行の高さを調整する

数値や文字がセルに収まりきらない場合は、セルに入力した文字の長さや大きさに合わせて、列の幅や行の高さを調整し、表の体裁を整えます。

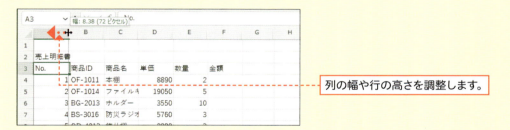

### ●行や列を追加／削除する

表を作成したあとで新しい項目が必要になった場合は、行や列を追加します。不要になった項目は、行単位や列単位で削除します。

## Section 08 データを入力しよう

**ここで学ぶこと**
- セル
- アクティブセル
- 入力モード

Excelでデータを入力するには、**セルをクリックして選択状態**にしてから入力します。Excelを起動したときは、入力モードが[半角英数字]になっています。日本語を入力するときは、**入力モードを[ひらがな]**に切り替えてから入力します。

練習 ▶ 08_四半期店舗別売上

### ① 文字を入力する

#### 重要用語
**アクティブセル**

セルをクリックすると、そのセルが選択され、緑の枠で囲まれます。これが現在操作の対象となっているセルで、「アクティブセル」といいます。

#### 解説
**日本語を入力する**

Excelの起動直後は、入力モードが[半角英数字]になっています。日本語を入力するには、入力モードを[ひらがな]に切り替えてから入力します。入力モードを切り替えるには、キーボードの[半角/全角]を押します。

半角英数字モード

ひらがなモード

**1** セルをクリックすると、

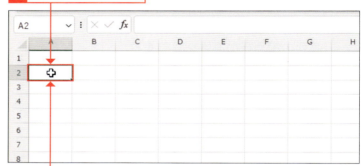

**2** セルが選択され、アクティブセルになります。

**3** [半角/全角]を押して、入力モードを[ひらがな]に切り替えます(左の「解説」参照)。

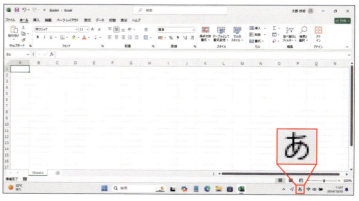

## 💬 解説

### データ入力と確定

データを入力すると、セル内にカーソルが表示されます。入力を確定するには、[Enter]を押します。もう一度[Enter]を押すと、アクティブセルが下のセルに移動します。確定する前に[Esc]を押すと、入力がキャンセルされます。

## 💡 ヒント

### 予測候補の表示

文字の読みを数文字入力すると、その読みに該当する候補が表示されます。また、同じ文字を何度か入力して確定させると、その文字が記憶され、変換候補として表示されます。これを「予測入力」といいます。候補の一覧から入力するには、[↑][↓]を押して、目的の文字を選択します。

**1** 文字の読みを数文字入力すると、候補が表示されます。

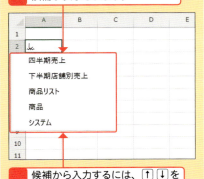

**2** 候補から入力するには、[↑][↓]を押して、目的の文字に移動し、[Enter]を押します。

---

**4** 文字の読みを入力して、

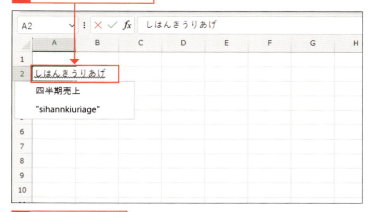

**5** [Space]を押すと、

**6** 漢字に変換されます。

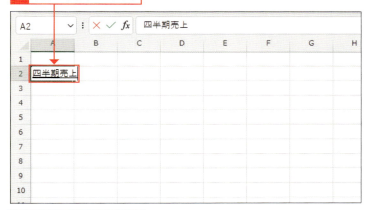

**7** [Enter]を2回押すと、

**8** 文字が確定され、

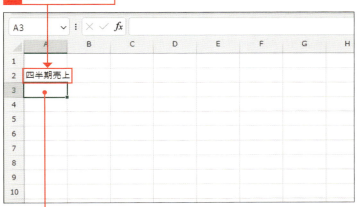

**9** アクティブセルが下のセルに移動します。

---

08 データを入力しよう

2 表を作成しよう

## ❷ 文字を続けて入力する

### 💬 解説

**データを続けて入力する**

データを続けて入力するには、[Enter]や[Tab]を押して、アクティブセルを移動しながら入力していきます。[Enter]を押すとアクティブセルが下に、[Tab]を押すと右に移動します。マウスでクリックしてアクティブセルを移動することもできます。

### 💡 ヒント

**違う漢字に変換する**

[Space]を押してもすぐに目的の漢字に変換されないときは、もう一度[Space]を押します。漢字の変換候補が一覧で表示されるので、[Space]または[↓]を押して、目的の漢字を選択します。

**1** 文字の読みを入力して[Space]を2回押すと、変換候補が表示されます。

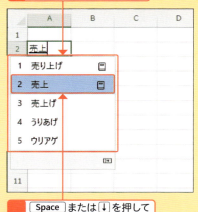

**2** [Space]または[↓]を押して目的の漢字に移動し、[Enter]を押します。

---

**1** 文字を入力して、[Enter]ではなく[Tab]を押すと、

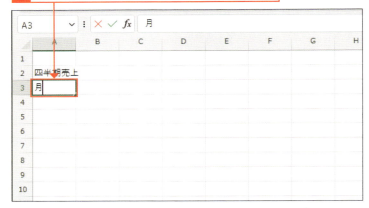

**2** アクティブセルが右のセルに移動します。

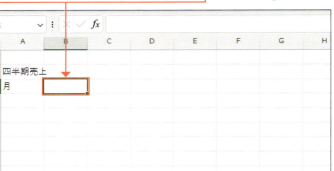

**3** [Tab]を押しながら、同様に文字を入力していきます。

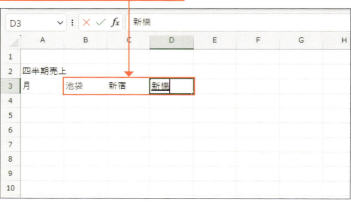

### キーボード操作による アクティブセルの移動

アクティブセルの移動は、キーボード操作で行うことができます。データを続けて入力する場合は、キーボード操作で移動するほうが便利です。

| 移動先 | キーボード操作 |
|---|---|
| 下のセル | Enter または ↓ を押す |
| 上のセル | Shift + Enter または ↑ を押す |
| 右のセル | Tab または → を押す |
| 左のセル | Shift + Tab または ← を押す |

### セル内で改行する

セル内で文字を改行したいときは、セルをダブルクリックします。改行したい位置をクリックしてカーソルを移動し、Alt を押しながら Enter を押します。

改行したい位置にカーソルを移動して、Alt + Enter を押します。

**4** 行の末尾で Enter を押すと、

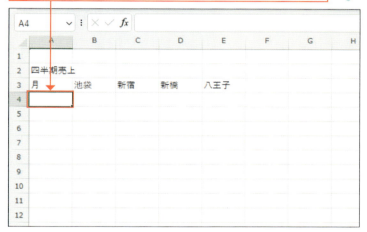

**5** アクティブセルが、入力を開始したセルの直下に移動します。

**6** Enter を押しながら、下方向に文字を入力していきます。

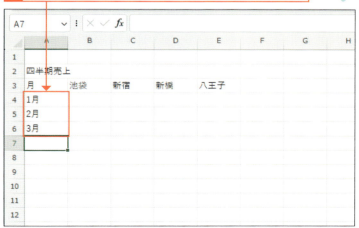

08 データを入力しよう

2 表を作成しよう

49

## ③ 数値を入力する

### 解説

**数値を入力する**

数値データは、入力モードを[半角英数字]に切り替えて入力します。入力した数値データは、セルの幅に対して右揃えで表示されます。

**1** 数値を入力するセルをクリックして、

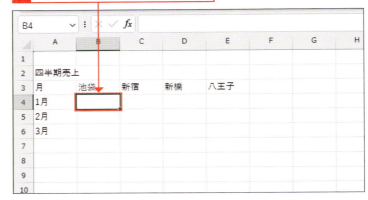

**2** を押し、入力モードを[半角英数字]に切り替えます。

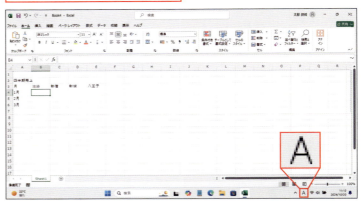

**3** 数値を入力して、

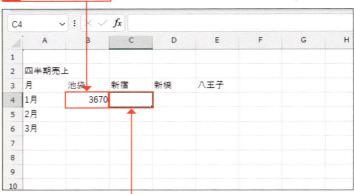

**4** [Tab]を押すと、入力したデータが確定し、アクティブセルが右に移動します。

### ヒント

**数値を全角で入力すると？**

数値を[ひらがな]モードで入力すると、自動的に全角から半角に変換されます。しかし、[Enter]を2回押す必要があるため、数値を入力するときは入力モードを[半角英数字]に切り替えたほうが効率的です。

### 「0」から始まる数値データを入力する

Excelでは、数値の先頭に「0」(ゼロ) を付けて入力しても、「0」は消えてしまいます。「0」から始まる数値を入力したい場合は、「01」「001」のように先頭に「'」(アポストロフィ) を付けて、数値を文字列として入力します。なお、数値を文字列として入力するとエラーインジケーターが表示されますが、無視して構いません。

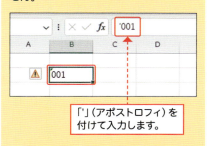

「'」(アポストロフィ) を付けて入力します。

### アクティブセルの移動方向を変更する

Enter を押して入力を確定したとき、初期設定ではアクティブセルが下に移動します。この方向は [Excelのオプション] ダイアログボックスで変更できます。[ファイル] タブの [その他] から [オプション] をクリックして、[詳細設定] をクリックし、[編集オプション] グループの [方向] でセルの移動方向を指定します。

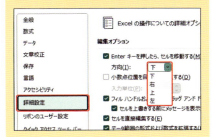

---

**5** Tab を押しながら、同様に数値を入力していきます。

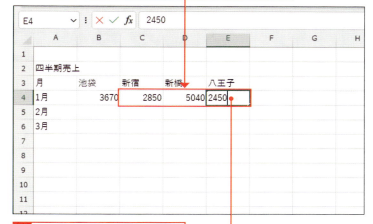

**6** 行の末尾で Enter を押すと、

**7** アクティブセルが入力を開始したセルの直下に移動します。

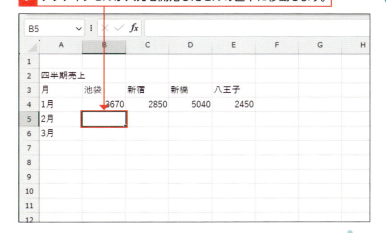

**8** 同様に数値を入力していきます。

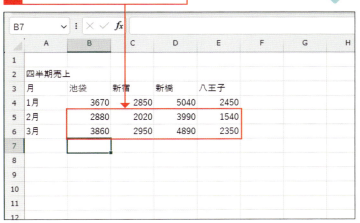

## Section 09 データを修正しよう

**ここで学ぶこと**
・データの書き換え
・データの修正
・数式バー

セルに入力したデータを修正するには、**セル内のデータをすべて書き換える**方法と**データの一部を修正する**方法があります。データをすべて書き換える場合は、セルに直接入力します。データの一部を修正する場合は、セルか数式バーを使います。

📁 練習▶09_四半期店舗別売上

### ① データをすべて書き換える

#### 🗨 解説
**データを書き換える**

セル内のデータをすべて書き換えるには、セルをクリックしてデータを入力します。入力を確定すると、新しく入力したデータに置き換わります。

**1** 修正するセルをクリックして、

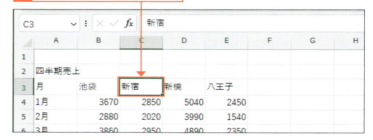

**2** データを入力すると、もとのデータが書き換えられます。

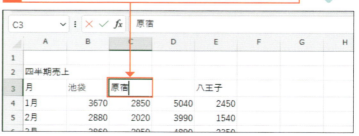

**3** [Enter]を押すと、セルのデータが修正されます。

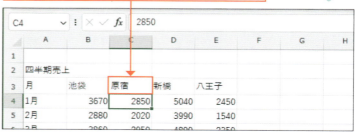

#### 💡 ヒント
**データの修正をキャンセルするには？**

入力を確定する前に修正をキャンセルしたい場合は、[Esc]を数回押すと、もとのデータに戻ります。

## ❷ データの一部を修正する

### 💬 解説

**データの一部を修正する**

セル内のデータの一部を修正するには、目的のセルをダブルクリックして、セル内にカーソルを表示します。セル内をクリックしてカーソルを移動し、データを入力します。カーソル位置の右側の文字を消すときは Delete を、左側の文字を消すときは Back space を押します。

1 データを修正するセルをダブルクリックすると、

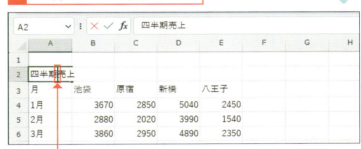

2 セル内にカーソルが表示されます。

3 修正したい文字の前をクリックして、カーソルを移動します。

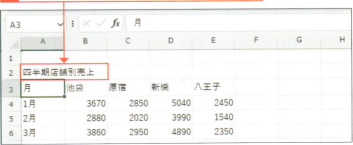

4 データを入力すると、カーソルの位置にデータが入力されます。

5 Enter を押すと、セルのデータが修正されます。

### 💡 ヒント

**数式バーを利用して修正する**

セル内のデータの修正は、数式バーを利用して行うこともできます。目的のセルをクリックして数式バーをクリックすると、数式バー内にカーソルが表示され、データを修正できるようになります。

1 修正するセルをクリックして、

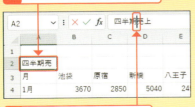

2 数式バーをクリックします。

# Section 10 セル範囲を選択しよう

**ここで学ぶこと**
・セル範囲の選択
・行や列の選択
・選択の解除

データの削除やコピー、移動などを行う際には、最初に、**操作の対象となるセルやセル範囲を選択**します。ここでは、複数のセル範囲を選択したり、**離れた場所にあるセルを同時に選択**したり、行や列単位で選択したりする方法を紹介します。

練習 ▶ 10_四半期店舗別売上

## ① セル範囲を選択する

### 解説

**セル範囲を選択する**

セル範囲を選択する際は、選択範囲の始点となるセルにマウスポインターを合わせて、終点となるセルまでドラッグします。また、選択範囲の始点となるセルをクリックして、Shift を押しながら、終点となるセルをクリックしても選択されます。

### ヒント

**セル範囲が選択できない？**

ドラッグ操作でセル範囲を選択するときは、マウスポインターの形が ✚ の状態で行います。セル内にカーソルが表示されているときや、マウスポインターの形が ✚ でないときは、セル範囲を選択することができません。

**1** 選択範囲の始点となるセルにマウスポインターを合わせて、

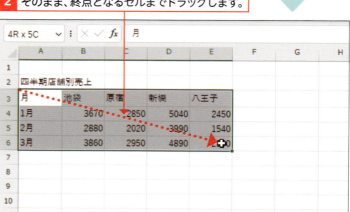

**2** そのまま、終点となるセルまでドラッグします。

**3** マウスのボタンを離すと、セル範囲が選択されます。

## ❷ 離れた位置にあるセルを選択する

### 💬 解説

**離れた位置にあるセルの選択**

離れた位置にある複数のセルを同時に選択したいときは、最初のセルをクリックしたあと、Ctrl を押しながら選択したいセルをクリックまたはドラッグしていきます。

1 最初のセルをクリックします。

2 Ctrl を押しながら別のセルをクリックすると、

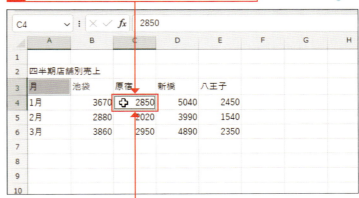

3 離れた位置にあるセルが追加選択されます。

4 続いて、Ctrl を押しながら別のセル範囲をドラッグすると、

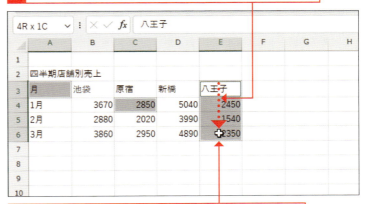

5 離れた位置にある複数のセル範囲が追加選択されます。

### 💬 解説

**セルの選択を解除する**

セルの選択を解除するには、いずれかのセルをクリックします。

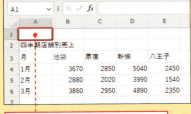

いずれかのセルをクリックすると、選択が解除されます。

## ❸ 行や列を選択する

### 💬 解説

**列を選択する**

列を選択する場合は、列番号をクリックします。離れた位置にある列を同時に選択する場合は、最初の列番号をクリックしたあと、Ctrl を押しながら別の列番号をクリックします。

列番号をクリックすると、列全体が選択されます。

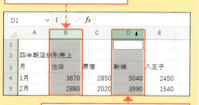

Ctrl を押しながら別の列番号をクリックすると、離れた位置にある列が追加選択されます。

### 💡 ヒント

**行や列をまとめて選択する**

行や列をまとめて選択する場合は、行番号や列番号をドラッグします。行や列をまとめて選択することによって、行／列単位でのコピーや移動、挿入、削除などを行うことができます。

列番号をドラッグすると、複数の列が選択されます。

---

**1** 行番号にマウスポインターを合わせてクリックすると、

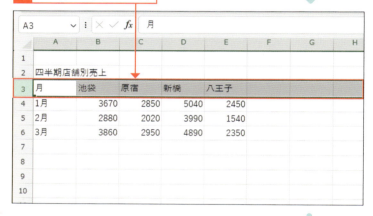

**2** 行全体が選択されます。

**3** Ctrl を押しながら別の行番号をクリックすると、

**4** 離れた位置にある行が追加選択されます。

## ④ 選択範囲から一部のセルの選択を解除する

### 解説

**選択範囲から一部のセルの選択を解除する**

選択範囲からセルの選択を個別に解除するには、Ctrl を押しながらセルをクリックします。複数のセルをまとめて解除するには、Ctrl を押しながらセル範囲をドラッグします。

### ▶ セルの選択をクリック操作で解除する

**1** 複数のセル範囲を選択します（55ページ参照）。

**2** Ctrl を押しながら、選択を解除したいセルをクリックすると、

**3** クリックしたセルの選択が解除されます。

### ▶ セルの選択をドラッグ操作で解除する

**1** 複数のセル範囲を選択して、

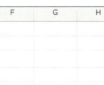

**2** Ctrl を押しながら、選択を解除したいセル範囲をドラッグします。

**3** ドラッグした範囲のセルの選択がまとめて解除されます。

### ヒント

**行や列をまとめて選択した場合**

行や列をまとめて選択した場合に、一部の行や列の選択を解除するには、Ctrl を押しながら選択を解除したい行や列番号をクリックします。

# Section 11 データを削除しよう

**ここで学ぶこと**
・削除
・クリア
・数式と値のクリア

セルに入力したデータが不要になった場合は、削除します。データを削除したい**セルをクリックして、** `Delete` **を押します。** 複数のセルのデータを削除するには、データを削除するセル範囲をドラッグして選択し、`Delete` を押します。

練習▶11_四半期店舗別売上

## ① データを削除する

### 解説

**データを削除する**

セルに入力したデータは、セルを選択して `Delete` を押して削除します。また、[ホーム] タブの [クリア] をクリックし、[数式と値のクリア] をクリックするか、セルを右クリックして [数式と値のクリア] をクリックしても同様に削除することができます。

**1** データを削除するセルをクリックして、

**2** `Delete` を押すと、

**3** セルのデータが削除されます。

## ❷ 複数のセルのデータを削除する

### 💡ヒント
**行や列のデータを一度に削除する**

行や列に入力されているデータを一度に削除するには、行や列を選択して（56ページ参照）、Delete を押します。

データを削除したい行や列を選択して、Delete を押します。

### 💡ヒント
**削除を取り消す**

削除を取り消す場合は、クイックアクセスツールバーにある［元に戻す］ ⤺ をクリックします（296ページ参照）。

---

**1** データを削除するセル範囲の始点となるセルにマウスポインターを合わせ、

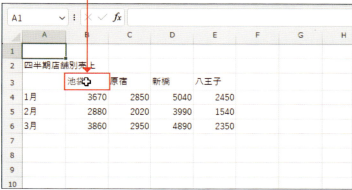

**2** そのまま終点となるセルまでドラッグして、セル範囲を選択します。

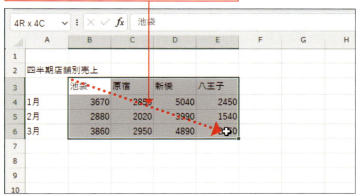

**3** Delete を押すと、

**4** 選択したセル範囲のデータが削除されます。

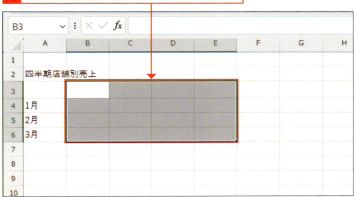

# Section 12 データを移動しよう

**ここで学ぶこと**
・データの移動
・切り取り
・貼り付け

セル内に入力したデータを移動するには、[ホーム]タブの[切り取り]と[貼り付け]を使う、**マウスでドラッグする**、ショートカットキーを使う、などの方法があります。ここでは、それぞれの方法を紹介します。

練習▶12_売上比較

## ① [切り取り]と[貼り付け]でデータを移動する

### 解説

**データを移動する**

データを移動するには、[ホーム]タブの[切り取り]と[貼り付け]を使う、ショートカットキーを使う、マウスでドラッグするなどの方法があります。[切り取り]と[貼り付け]を使う場合、データは一時的にクリップボードに保管されます。

**1** 移動するセルをクリックして、

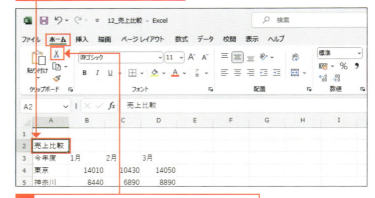

**2** [ホーム]タブの[切り取り]をクリックします。

**3** 移動先のセルをクリックして、

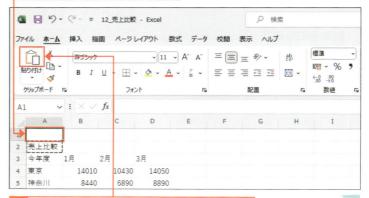

**4** [ホーム]タブの[貼り付け]をクリックすると、

### ショートカットキー

**切り取りと貼り付け**

●切り取り
[Ctrl] + [X]

●貼り付け
[Ctrl] + [V]

**移動をキャンセルするには？**

移動もとのセル範囲が破線で囲まれている間は、Esc を押すと、移動をキャンセルすることができます。

5 選択したセルのデータが移動します。

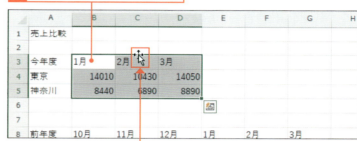

## 2 ドラッグ操作でデータを移動する

**⚠ 注意**

**ドラッグ操作で移動する際の注意点**

ドラッグ操作でデータを移動すると、クリップボードにデータが保管されないため、データは一度しか貼り付けられません。また、移動先のセルにデータが入力されていると、内容を置き換えるかどうかを確認するダイアログボックスが表示されます。

1 移動するセル範囲を選択して、

2 セルの枠線にマウスポインターを合わせると、マウスポインターの形が変わります。

3 移動先へドラッグしてマウスのボタンを離すと、

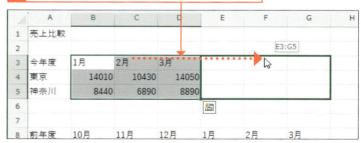

4 選択したセル範囲のデータが移動します。

**🔍 重要用語**

**クリップボード**

「クリップボード」とは、[コピー]または[切り取り]の機能を利用したときに、データが一時的に保管される場所のことです。
クリップボードには、Windowsに用意されているものと、Officeに用意されているものがあります。Windowsのクリップボードには一度に1つのデータしか保管されませんが、Officeのクリップボードには、Officeの各アプリのデータを24個まで保管できます。

61

# Section 13 データをコピーしよう

**ここで学ぶこと**
・コピー
・貼り付け
・貼り付けのオプション

セル内に入力したデータをコピーするには、[ホーム]タブの[コピー]と[貼り付け]を使う、**マウスでドラッグする**、ショートカットキーを使う、などの方法があります。ここでは、それぞれの方法を紹介します。

練習▶13_売上比較

## 1 [コピー]と[貼り付け]でデータをコピーする

### 解説

**データをコピーする**

データをコピーするには、[ホーム]タブの[コピー]と[貼り付け]を使う、ショートカットキーを使う、マウスでドラッグするなどの方法があります。[コピー]と[貼り付け]を使う場合、データは一時的にクリップボードに保管されます。

**1** コピーするセルをクリックして、

**2** [ホーム]タブの[コピー]をクリックします。

**3** 貼り付け先のセルをクリックして、

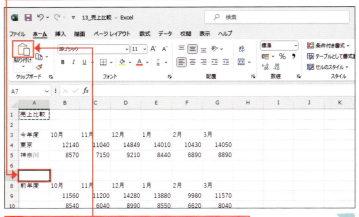

**4** [ホーム]タブの[貼り付け]をクリックすると、

### ショートカットキー

**コピーと貼り付け**

●コピー
　Ctrl + C
●貼り付け
　Ctrl + V

62

### データの貼り付け

コピーもとのセル範囲が破線で囲まれている間は、データを何度でも貼り付けることができます。また、破線が表示されている状態で Esc を押すと、破線が消えてコピーが解除されます。

**5** 選択したセルのデータが貼り付けられます。

|  | A | B | C | D | E | F | G | H |
|---|---|---|---|---|---|---|---|---|
| 1 | 売上比較 | | | | | | | |
| 2 | | | | | | | | |
| 3 | 今年度 | 10月 | 11月 | 12月 | 1月 | 2月 | 3月 | |
| 4 | 東京 | 12140 | 11040 | 14849 | 14010 | 10430 | 14050 | |
| 5 | 神奈川 | 8570 | 7150 | 9210 | 8440 | 6890 | 8890 | |
| 6 | | | | | | | | |
| 7 | 売上比較 | | | | | | | |
| 8 | 前年度 | (Ctrl)▼ 　1月 | | | 左下の「ヒント」参照 | 月 | 3月 | |
| 9 | | 11560 | 11200 | 14280 | 13880 | 9980 | 11570 | |
| 10 | | 8540 | 6040 | 8990 | 8550 | 6620 | 8040 | |

## ② ドラッグ操作でデータをコピーする

### 貼り付けのオプション

データを貼り付けたあと、そのセルの右下に表示される[貼り付けのオプション]をクリックすると、貼り付けたあとで結果を修正するためのメニューが表示されます（160ページ参照）。ただし、ドラッグ操作でコピーした場合は表示されません。

**1** [貼り付けのオプション]をクリックすると、

**2** 結果を修正するためのメニューが表示されます。

**1** コピーするセル範囲を選択します。

|  | A | B | C | D | E | F | G | H |
|---|---|---|---|---|---|---|---|---|
| 1 | 売上比較 | | | | | | | |
| 2 | | | | | | | | |
| 3 | 今年度 | 10月 | 11月 | 12月 | 1月 | 2月 | 3月 | |
| 4 | 東京 | 12140 | 11040 | 14849 | 14010 | 10430 | 14050 | |
| 5 | 神奈川 | 8570 | 7150 | 9210 | 8440 | 6890 | 8890 | |
| 6 | | | | | | | | |
| 7 | 売上比較 | | | | | | | |
| 8 | 前年度 | 10月 | 11月 | 12月 | 1月 | 2月 | 3月 | |
| 9 | | 11560 | 11200 | 14280 | 13880 | 9980 | 11570 | |
| 10 | | 8540 | 6040 | 8990 | 8550 | 6620 | 8040 | |

**2** セルの枠線にマウスポインターを合わせて Ctrl を押すと、マウスポインターの形が変わります。

**3** Ctrl を押しながらドラッグします。

|  | A | B | C | D | E | F | G | H |
|---|---|---|---|---|---|---|---|---|
| 1 | 売上比較 | | | | | | | |
| 2 | | | | | | | | |
| 3 | 今年度 | 10月 | 11月 | 12月 | 1月 | 2月 | 3月 | |
| 4 | 東京 | 12140 | 11040 | 14849 | 14010 | 10430 | 14050 | |
| 5 | 神奈川 | 8570 | 7150 | 9210 | 8440 | 6890 | 8890 | |
| 6 | | | | | | | | |
| 7 | 売上比較 | | | | | | | |
| 8 | 前年度 | 10月 | 11月 | 12月 | 1月 | 2月 | 3月 | |
| 9 | | 11560 | 11200 | 14280 | 13880 | 9980 | 11570 | |
| 10 | | 8540 | 6040 | 8990 | 8550 | 6620 | 8040 | |
| 11 | | A9:A10 | | | | | | |

**4** 表示される枠を目的の位置に合わせて、マウスのボタンを離すと、

**5** 選択したセル範囲のデータが貼り付けられます。

# Section 14 日付を入力しよう

**ここで学ぶこと**
・日付の入力
・日付スタイル
・日付の表示形式

日付を入力するには、「年、月、日」を表す数値を、**「/」（スラッシュ）や「-」（ハイフン）で区切って入力**します。日付を入力するときは、**入力モードを［半角英数字］に切り替えてから入力**します。

📁 練習▶14_新入社員名簿

## ① 今年の日付を入力する

### 🗨 解説

**日付の入力**

今年の日付を入力するときは、「月、日」を表す数値を、「/」（スラッシュ）または「-」（ハイフン）で区切って入力します。すると、自動的に日付スタイルが設定され、「1月15日」のように表示されます。

### 💡 ヒント

**入力した日付を確認する**

月と日を入力すると、セルには「1月15日」のように表示されます。しかし、実際は「2025/1/15」のように「年」も含めたデータが入力されています。日付を入力したセルをクリックすると、数式バーで確認できます。

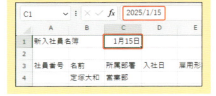

**1** 日付を入力するセルをクリックして、月と日を「/」（スラッシュ）で区切って入力します。

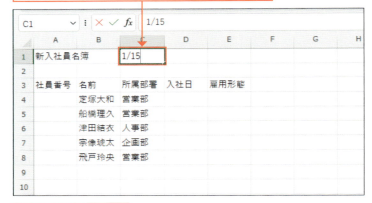

**2** 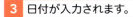 Enter を押すと、

**3** 日付が入力されます。

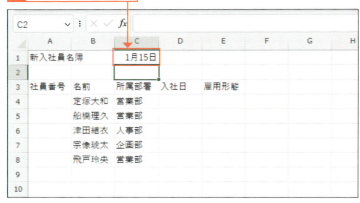

## ❷ 今年以外の日付を入力する

### 解説

**今年以外の日付の入力**

過去や未来の日付を入力するときは、「年、月、日」を表す数値を、「/」（スラッシュ）または「-」（ハイフン）で区切って入力します。すると、「2024/4/2」のように表示されます。「2024年4月2日」、「令和6年4月2日」のように表示することもできます（148ページ参照）。

1 日付を入力するセルをクリックして、年、月、日を「/」（スラッシュ）で区切って入力します。

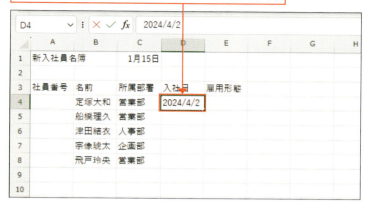

2 Enter を押すと、

3 日付が入力されます。

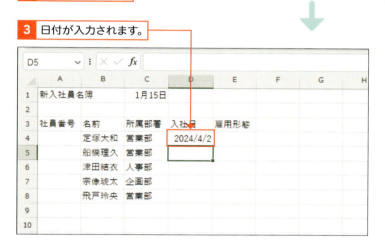

### ショートカットキー　今日の日付の入力

セルをクリックして Ctrl を押しながら ; （セミコロン）を押すと、今日の日付を自動的に入力することができます。この場合は、「2025/1/10」のように表示されます。

1 セルをクリックして、Ctrl を押しながら ; を押すと、

2 今日の日付が自動的に入力できます。

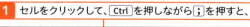

# Section 15 同じデータや連続するデータを入力しよう

### ここで学ぶこと
・フィルハンドル
・オートフィル
・オートフィルオプション

同じデータや連続するデータをすばやく入力するには、**オートフィル**機能を利用すると便利です。オートフィルは、セルのデータをもとにして、**同じデータや連続するデータをドラッグ操作ですばやく入力**する機能です。

練習▶15_新入社員名簿

## 1 同じデータをすばやく入力する

### 重要用語
**オートフィル**

「オートフィル」とは、セルのデータをもとにして、同じデータや連続するデータをドラッグ操作ですばやく入力する機能です。連続データとみなされないデータや数字だけが入力されたセルを1つだけ選択して、フィルハンドル（セルの右下隅にある緑の四角形）を下方向あるいは右方向にドラッグすると、データがコピーされます。

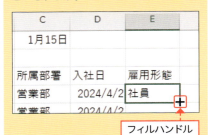
フィルハンドル

**1** データが入力されたセルをクリックします。

**2** フィルハンドルにマウスポインターを合わせて、

**3** 下方向（あるいは右方向）へドラッグします。

**4** マウスのボタンを離すと、同じデータが入力されます。

## ❷ 連続するデータをすばやく入力する

### 解説

**連続する数値を入力する**

オートフィルの機能を使って連続する数値を入力するには、右の手順のように、フィルハンドルをドラッグした直後に表示される［オートフィルオプション］をクリックして、［連続データ］をクリックします。

### 重要用語

**オートフィルオプション**

オートフィルの動作は、右の手順❸のように、［オートフィルオプション］をクリックすることで変更できます。オートフィルオプションに表示されるメニューは、入力したデータの種類によって異なります。

### ヒント

**連続する数値を入力する そのほかの方法**

数値の入力されたセルを選択して、Ctrl を押しながらフィルハンドルをドラッグしても、数値の連続データを入力できます。

---

**1** 数値データが入力されたセルをクリックして、フィルハンドルをドラッグし、

**2** マウスのボタンを離します。

**3** ［オートフィルオプション］をクリックして、

**4** ［連続データ］をクリックすると、

**5** 連続するデータが入力されます。

## Section 16 日付や曜日の連続データを入力しよう

**ここで学ぶこと**
・連続データ
・オートフィル
・フィルハンドル

連続した日付や曜日をすばやく入力するには、**オートフィル**機能を利用すると便利です。連続した日付だけでなく、2日おき、1週間おき、1か月おきなどの日付を**すばやく入力**することができます。

練習▶16_予定表

### 1 連続した日付を入力する

#### ヒント
**決まった間隔の日付を入力する**

1日おき、5日おきなど、決まった間隔の日付を連続して入力することもできます。間隔を空けた日付を入力した2つのセルを選択し、フィルハンドルをドラッグします。

**1** 間隔を空けた日付を入力した2つのセルを選択し、

**2** フィルハンドルをドラッグします。

**1** 日付のデータが入力されたセルをクリックして、

**2** フィルハンドルをドラッグすると、

**3** 連続した日付が入力されます。

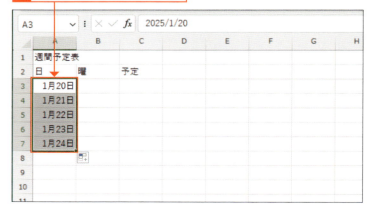

## ② 連続した曜日を入力する

### 解説

**連続した曜日を入力する**

曜日を入力したセルを選択してフィルハンドルをドラッグすると、曜日の連続データが入力されます。曜日は、「月曜日」「月」のように入力します。なお、「月曜」では連続データにならないので注意が必要です。

**1** 曜日のデータが入力されたセルをクリックして、

**2** フィルハンドルをドラッグすると、

**3** 連続した曜日が入力されます。

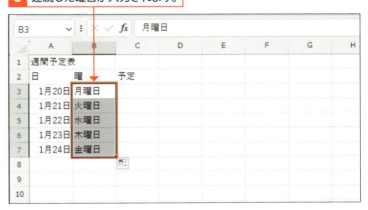

---

### ヒント 連続データとして扱われるデータ

連続データとして入力できるデータは、[ユーザー設定リスト]ダイアログボックスで確認することができます。[ファイル]タブの[その他]から[オプション]をクリックし、[詳細設定]をクリックして、[全般]グループの[ユーザー設定リストの編集]をクリックすると表示されます。ユーザー設定リストに連続データを登録することもできます（227ページ参照）。

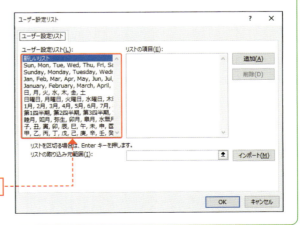

連続データとして入力されるデータ

# Section 17 列の幅や行の高さを調整しよう

**ここで学ぶこと**
・列の幅
・行の高さ
・列の幅の自動調整

数値や文字がセルに収まりきらない場合や、表の体裁を整えたい場合は、列の幅や行の高さを調整しましょう。**マウスでドラッグ**するほかに、**セルのデータに合わせて自動的に調整**することもできます。

練習▶17_売上明細書

## ① 列の幅を変更する

### 解説
**列の幅や行の高さの変更**

列番号や行番号の境界にマウスポインターを合わせ、ポインターの形が ✥ や ✣ に変わった状態でドラッグすると、列幅や行の高さを変更できます。

1. 列番号の境界にマウスポインターを合わせると、マウスポインターの形が変わります。

2. その状態で左方向にドラッグすると、

3. 列の幅が変更されます。

## ❷ セルのデータに列の幅を合わせる

**列幅や行の高さの表示単位**

変更中の列の幅や行の高さは、マウスポインターの右上に数値で表示されます。列の幅は、Excelの既定のフォント（11ポイント）で入力できる半角文字の「文字数」で、行の高さは、入力できる文字の「ポイント数」で表されます。カッコの中にはピクセル数が表示されます。

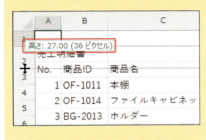

**1** 列番号の境界にマウスポインターを合わせると、マウスポインターの形が変わります。

**2** その状態でダブルクリックすると、

**3** セルのデータに合わせて、列の幅が変更されます。

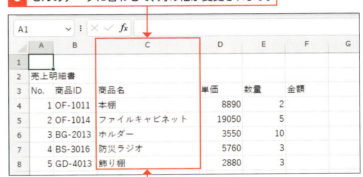

対象となる列内のセルで、もっとも長いデータに合わせて自動的に調整されます。

---

### 💡ヒント　列の幅や行の高さを数値で指定する

列の幅や行の高さは、数値で指定して変更することもできます。列の幅は、調整したい列をクリックして、[ホーム]タブの[セル]グループの[書式]から[列の幅]をクリックして、[セルの幅]ダイアログボックスで指定します。行の高さは、同様の方法で[行の高さ]をクリックして、[セルの高さ]ダイアログボックスで指定します。

●[セルの幅]ダイアログボックス　　　●[セルの高さ]ダイアログボックス

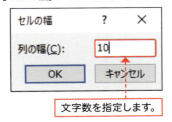
文字数を指定します。

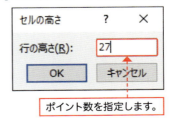
ポイント数を指定します。

# Section 18 セルを追加／削除しよう

**ここで学ぶこと**
・セルの挿入
・セルの削除
・セルの移動方向

表を作成したあとでも、必要に応じて**セルを追加したり削除したり**することができます。セルの追加や削除を行う際は、**追加や削除後にセルが移動する方向を指定**します。

練習 ▶ 18_売上比較

## 1 セルを追加する

**ショートカットキー**

**セルの追加**

[Ctrl] + [Shift] + [+]

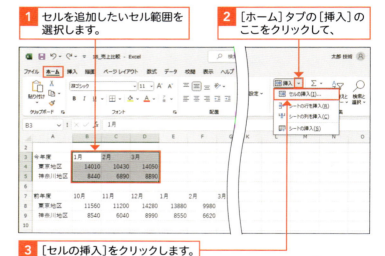

1 セルを追加したいセル範囲を選択します。
2 [ホーム]タブの[挿入]のここをクリックして、
3 [セルの挿入]をクリックします。
4 [右方向にシフト]をクリックしてオンにし、

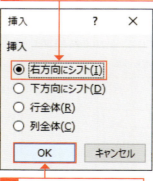

5 [OK]をクリックすると、

**補足**

**追加後のセルの移動方向**

セルを追加する場合は、[挿入]ダイアログボックスで追加後のセルの移動方向を指定します。指定できる項目は、次の4種類です。
① 右方向にシフト
② 下方向にシフト
③ 行全体
④ 列全体

6 選択した場所にセルが追加されて、

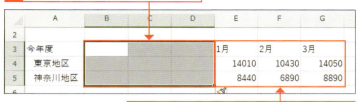

7 選択していたセルが右方向に移動します。

## ② セルを削除する

**ショートカットキー**

セルの削除

Ctrl + －

1 削除したいセル範囲を選択します。

2 [ホーム]タブの[削除]のここをクリックして、

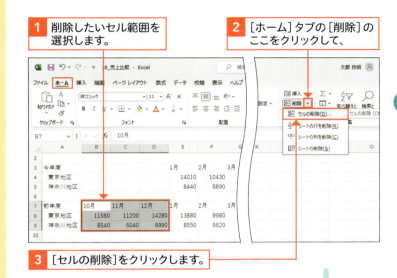

3 [セルの削除]をクリックします。

4 [左方向にシフト]をクリックしてオンにし、

5 [OK]をクリックすると、

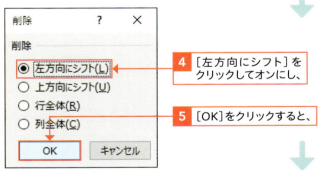

6 セルが削除されて、

7 右側にあるセルが左方向に移動します。

**補足**

**削除後のセルの移動方向**

セルを削除する場合は、[削除]ダイアログボックスで削除後のセルの移動方向を指定します。指定できる項目は、次の4種類です。
① 左方向にシフト
② 上方向にシフト
③ 行全体
④ 列全体

# Section 19 行や列を追加／削除しよう

**ここで学ぶこと**
・行番号
・列番号
・挿入／削除

表を作成したあとで新しい項目が必要になった場合は、**行や列を追加**してデータを追加します。また、不要になった項目は、**行単位や列単位で削除**することができます。

 練習 ▶ 19_売上明細表

## 1 行や列を追加する

### 解説 行を追加する

行を追加する場合は、行番号をクリックして行を選択します。[ホーム]タブの[挿入]をクリックすると、選択した行の上に新しい行が追加され、その下の行は1行分下に移動します。

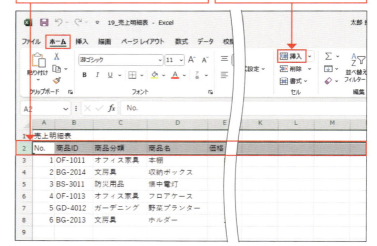

1. 行を追加したい位置の下側にある行番号をクリックして選択し、
2. [ホーム]タブの[挿入]をクリックすると、
3. 選択した行の上に新しい行が追加されます。

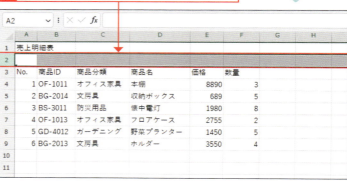

### 解説 列を追加する

列を追加する場合は、列番号をクリックして列を選択します。[ホーム]タブの[挿入]をクリックすると、選択した列の左に列が挿入され、その右の列は1列分右方向に移動します。

## ② 行や列を削除する

### 解説
**列を削除する**

列を削除する場合は、列番号をクリックして削除する列を選択します。[ホーム]タブの[削除]をクリックすると、選択した列が削除され、右の列がその位置に移動します。

### 解説
**行を削除する**

行を削除する場合は、行番号をクリックして削除する行を選択します。[ホーム]タブの[削除]をクリックすると、選択した行が削除され、下の行がその位置に移動します。

### ヒント
**行や列を追加／削除する そのほかの方法**

行や列の追加と削除は、選択した行や列を右クリックすると表示されるメニューからも行うことができます。

1 選択した列（あるいは行）を右クリックして、

2 [挿入]あるいは[削除]をクリックします。

1 列番号をクリックして、削除する列を選択します。

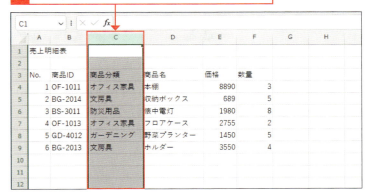

2 [ホーム]タブの[削除]をクリックすると、

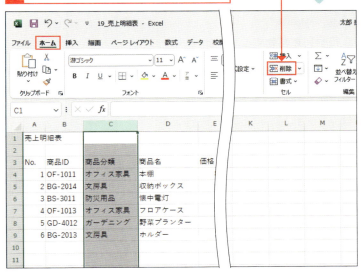

3 列が削除されます。

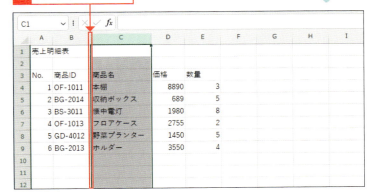

## Section 20 行や列を移動／コピーしよう

**ここで学ぶこと**
- 切り取り
- 貼り付け
- コピー

データを入力したあとで**行や列を移動したりコピーしたり**して、表の内容を編集することができます。［切り取り］や［コピー］、［貼り付け］を使う、マウスでドラッグする、などの方法があります。

練習 ▶ 20_四半期東京地区売上、20_下半期東京地区売上

### 1 行や列を移動する

#### 解説
**行や列を移動する**

行や列を移動するときは、行番号や列番号をクリックして選択し、［切り取り］→［貼り付け］の順にクリックします。移動先にデータがあった場合は、上書きされてしまうので注意が必要です（78ページの「ヒント」参照）。

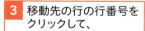
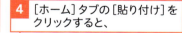
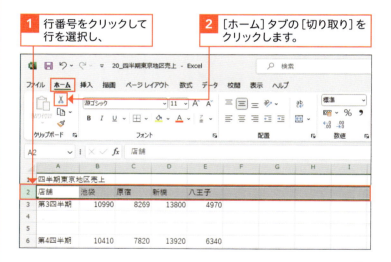

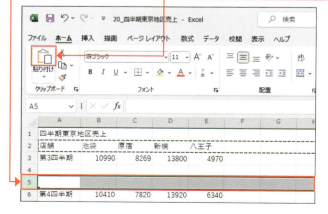

**5** 行が移動します。

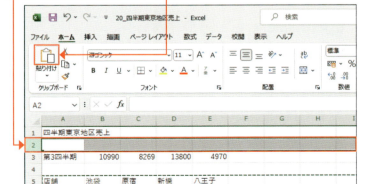

## ② 行や列をコピーする

### 🗨️ 解説

**行や列をコピーする**

行や列をコピーするときは、行番号や列番号をクリックして選択し、[コピー]→[貼り付け]の順にクリックします。コピー先にデータがあった場合は、上書きされてしまうので注意が必要です（78ページの「ヒント」参照）。

**1** 行番号をクリックして行を選択し、

**2** [ホーム]タブの[コピー]をクリックします。

**3** コピー先の行の行番号をクリックして、

**4** [ホーム]タブの[貼り付け]をクリックすると、

**5** 行がコピーされます。

### ⌨️ ショートカットキー

**切り取り／コピー／貼り付け**

- ●切り取り
  Ctrl + X
- ●コピー
  Ctrl + C
- ●貼り付け
  Ctrl + V

## ③ ドラッグ操作で行や列を移動／コピーする

### 解説
**ドラッグ操作で移動／コピーする**

行や列の移動やコピーは、マウスのドラッグ操作で行うこともできます。移動／コピーする行や列を選択してセルの枠線にマウスポインターを合わせ、ドラッグすると移動します。Ctrl を押しながらドラッグするとコピーされます。

**1** 行番号をクリックして、行を選択します。

**2** 選択した行の枠線にマウスポインターを合わせると、マウスポインターの形が変わります。

**3** 移動先にドラッグしてマウスのボタンを離すと、

**4** 行が移動します。

### ヒント
**上書きせずに移動／コピーする**

行や列を上書きせずに移動するときは、移動する行や列を選択して、セルの枠線にマウスポインターを合わせ、Shift を押しながら移動先にドラッグします。コピーするときは、Shift + Ctrl を押しながらコピー先にドラッグします。

Shift を押しながら移動先にドラッグします。

第 **3** 章

# 数式を使って
# 計算しよう

Section 21  数式を入力しよう

Section 22  セルを使って計算しよう

Section 23  数式をコピーしよう

Section 24  数式を修正しよう

Section 25  セルを固定して計算しよう

Section 26  数式のエラーを解決しよう

## この章で学ぶこと

# 数式の基本を知ろう

### ▶ 数値やセル参照を使って計算する

#### ●数値を入力して計算する

数式では、計算結果を表示したいセルに「＝」（等号）を入力し、＊、／、＋、－などの算術演算子（単に演算子ともいいます）と数値を入力して計算を行います。「＝」や数値、算術演算子は、すべて半角で入力します。

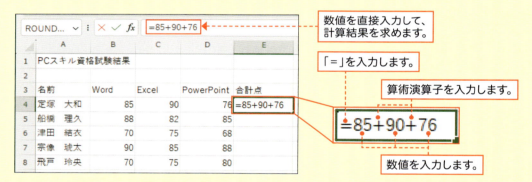

#### ●セル参照を使って計算する

数式の中で、数値のかわりにセルを指定することを「セル参照」といいます。セル参照を利用すると、セルに入力された数値を使って計算が行われます。セルの数値を修正すると、計算結果が自動的に更新されます。

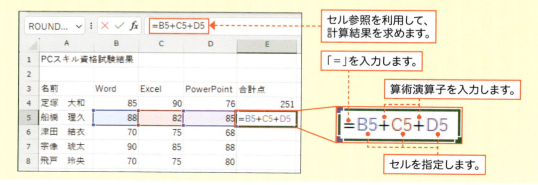

## ▶ 四則演算の算術演算子

足し算、引き算、かけ算、割り算などの四則演算の計算式を入力するには、下表のような「算術演算子」（単に演算子ともいいます）を使います。同じ数式内で異なる演算子を使う場合は、足し算や引き算よりも、かけ算や割り算が優先されて計算されます。足し算や引き算を優先させたい場合は、「()」（かっこ）で囲みます。

| 記号 | 内容 |
|---|---|
| ＋ | 足し算 |
| － | 引き算 |
| ＊ | かけ算 |
| ／ | 割り算 |

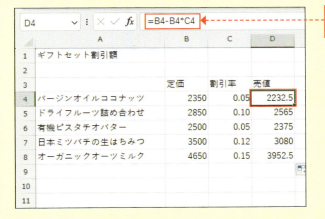

「=B4-B4*C4」の計算式では、かけ算が優先されます。

「=B4+C4*D4」の計算式で足し算を優先したい場合は、「=(B4+C4)*D4」と入力します。

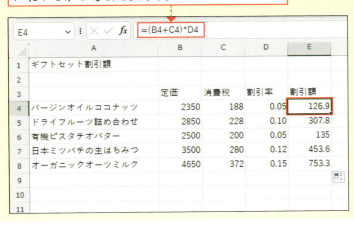

# Section 21 数式を入力しよう

**ここで学ぶこと**
- 数式
- 算術演算子
- ＝（等号）

数値を使って計算するには、計算結果を表示するセルに数式を入力します。数式を入力する方法はいくつかありますが、ここでは、**セル内に直接、数値や算術演算子を入力**して計算する方法を紹介します。

練習▶21_店頭飲料売上

## 1 数式を入力して計算する

### 解説
**数式の入力**

数式の始めには必ず「＝」（等号）を入力します。「＝」を入力することで、そのあとに入力する数値や算術演算子が数式として認識されます。「＝」や数値、算術演算子などは、すべて半角で入力します。

### 重要用語
**算術演算子**

足し算、引き算、かけ算、割り算などの四則演算の計算式を入力するには、「＋」「－」「＊」「／」などの「算術演算子」を使います。算術演算子とは、数式の中の四則演算に用いられる記号のことです。

1 数式を入力するセルをクリックして、半角で「＝」を入力します。

2 「4850」と入力します。

## 数式を数式バーに入力する

数式は、数式バーに入力することもできます。数式を入力したいセルをクリックしてから、数式バーをクリックして入力します。数式が長くなる場合は、数式バーを利用したほうが入力しやすいでしょう。

数式は、数式バーに入力することもできます。

### 解説

#### 半角入力

記号や数値を入力するときは、[半角/全角]を押して、入力モードを[半角英数字]に切り替えます。再度[半角/全角]を押すと、[ひらがな]入力モードに切り替わります。

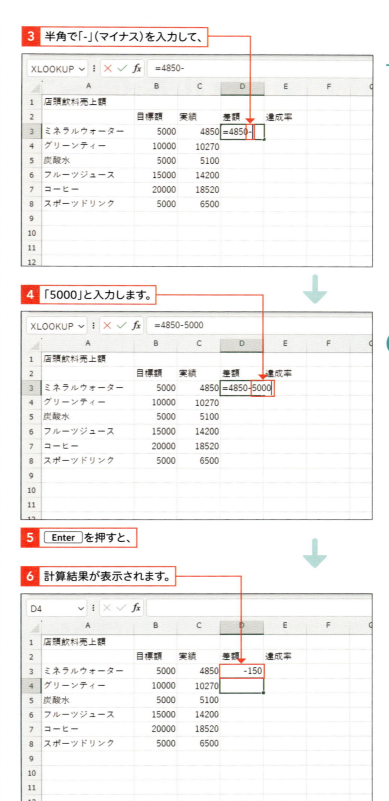

3 半角で「-」(マイナス)を入力して、

4 「5000」と入力します。

5 Enter を押すと、

6 計算結果が表示されます。

21 数式を入力しよう

3 数式を使って計算しよう

83

## Section 22 セルを使って計算しよう

**ここで学ぶこと**
・セル参照
・セルの位置
・数式バー

数式は、セル内に直接数値を入力するかわりに、**セルの位置を指定して計算**することができます。これを**セル参照**といいます。セル参照を利用すると、参照先のセルの数値を修正すると、計算結果も自動的に更新されます。

練習▶22_店頭飲料売上

### 1 セル参照を利用して計算する

#### 解説

**セルを使って計算する**

セル内に直接数値を入力するかわりに、セルの位置を参照して計算を行うことができます。ここでは、セル[D4]にセル[C4]（実績）とセル[B4]（目標額）の差額を計算しています。

#### 重要用語

**セル参照**

「セル参照」とは、数式の中で数値のかわりにセルの位置を指定することをいいます。セル参照を利用すると、参照先のセルの数値を修正することで、計算結果も自動的に更新されます。

**1** 計算結果を表示するセルをクリックして、半角で「=」を入力します。

**2** 参照するセルをクリックすると、

**3** クリックしたセルの位置が入力されます。

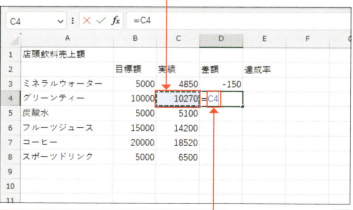

### 数式の入力を取り消すには？

数式の入力を途中で取り消したい場合は、 Esc を押します。また、数式を削除するには、数式が入力されているセルをクリックして Delete を押します。

### 数式の内容を見る

数式を入力すると、セルには計算結果が表示されます。数式を入力したセルをクリックすると、数式バーに数式の内容が表示されます。

④ 「-」(マイナス)を入力して、

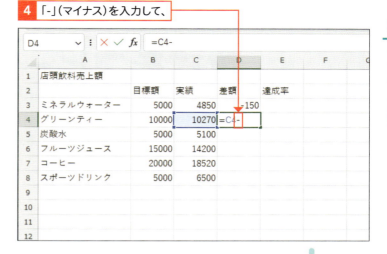

⑤ 参照するセルをクリックします。

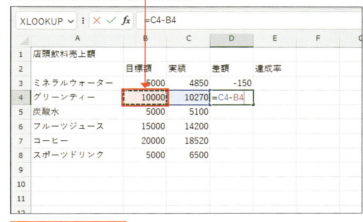

⑥ Enter を押すと、

⑦ 計算結果が表示されます。

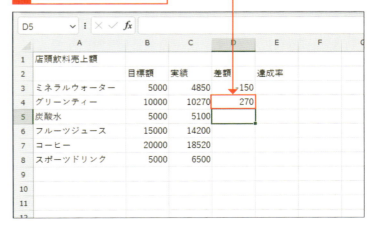

# Section 23 数式をコピーしよう

## ここで学ぶこと
・セル参照
・オートフィル
・相対参照

行や列で同じ数式を利用するときは、数式をコピーすると効率的です。セル参照を利用した数式をコピーすると、**コピー先のセル位置に合わせて参照するセルが自動的に変更**されます。

練習▶23_店頭飲料売上

## ① 数式をコピーする

### 解説

**数式をコピーする**

数式をコピーするには、オートフィル機能（66ページ参照）を利用します。数式が入力されているセルをクリックし、フィルハンドル（セルの右下隅にある緑の四角形）をコピー先までドラッグします。

**1** セル[D4]に、「=C4-B4」という数式を入力します。

**2** 数式が入力されているセル[D4]をクリックして、

**3** フィルハンドルをセル[D8]までドラッグします。

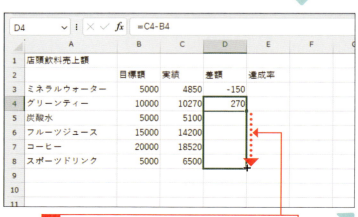

## 時短

**ダブルクリックでコピーする**

数式を下方向にコピーする場合、フィルハンドルをダブルクリックすると、隣接するセルにデータが入力されている行まで、すばやく数式をコピーすることができます。

4 数式がコピーされます。

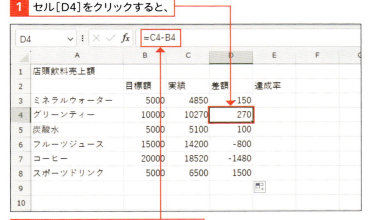

## ② コピーした数式を確認する

### 解説

**セル参照が変化する**

数式が入力されているセルをほかのセルにコピーすると、コピーもとのセルとコピー先のセルで相対的な位置関係が保たれるように、セル参照が自動的に変化します。右の手順では、コピーもとの「=C4-B4」という数式が、セル[D5]では「=C5-B5」という数式に変更されています。

1 セル[D4]をクリックすると、

2 コピーもとの数式を確認できます。

3 セル[D5]をクリックすると、

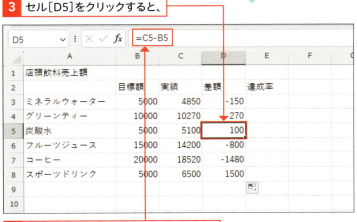

4 コピーした数式の内容を確認できます。

### 重要用語

**相対参照**

「相対参照」とは、数式が入力されているセルを基点として、ほかのセルの位置を相対的な位置関係で指定する参照方式のことです。数式が入力されたセルをコピーすると自動的にセル参照が更新されますが、これは相対参照によって変更されています。

# Section 24 数式を修正しよう

**ここで学ぶこと**
・カラーリファレンス
・セル参照
・参照先の変更

数式が入力されているセルをダブルクリックすると、**数式が参照しているセル範囲に色が付く**ので、対応関係をひとめで確認できます。数式を修正するときは、この機能を利用すると、かんたんに修正ができます。

練習▶24_店頭飲料売上

## 1 数式を修正する

### 解説

**数式を修正する**

セルに入力した数式を修正するには、セルをダブルクリックするか、セルを選択して F2 を押します。ここでは、セル [C3] の実績をセル [B3] の目標額で割るはずの数式が、セル [D3] の差額で割り算する数式になっているので、修正します。

### 重要用語

**カラーリファレンス**

「カラーリファレンス」とは、数式内のセル番号とそれに対応するセル範囲に色を付けて、対応関係を示す機能です。数式内のセル番号とセル範囲の色が同じ場合、それらが対応関係にあることを示しています。

1 セル [E3] に、「=D3/B3」という数式を入力します。

2 数式が入力されているセルをダブルクリックすると、

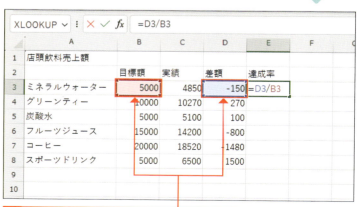

3 数式が参照しているセル範囲が、色付きの枠（カラーリファレンス）で囲まれて表示されます。

## 解説

### 参照先を移動する

色付きの枠（カラーリファレンス）にマウスポインターを合わせると、ポインターの形が に変わります。この状態で色付きの枠をほかの場所へドラッグすると、参照先を移動することができます。

**4** 色付きの枠にマウスポインターを合わせると、マウスポインターの形が変わります。

**5** そのままセル[C3]まで枠をドラッグすると、

**6** 参照するセル範囲が変更されます。

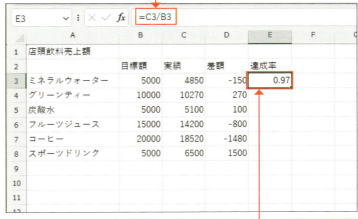

**7** [Enter]を押すと、計算結果が表示されます。

## ヒント

### カラーリファレンスを利用しない場合

カラーリファレンスを利用せずに参照先を変更するには、数式バーまたはセルで直接数式を入力して修正します。

# Section 25 セルを固定して計算しよう

**ここで学ぶこと**
・相対参照
・絶対参照
・参照先セルの固定

Excelでは、セル参照で入力した数式をコピーすると、参照先が自動的に変更されます。しかし、参照先のセルが変更されると困る場合もあります。この場合は、**特定のセルの位置を固定する絶対参照**を利用します。

練習▶25_ギフトセット割引

## ① 数式をコピーするとエラーが表示される

### 解説 数式をコピーするとエラーになる

ここでは、割引額を求めるために、定価のセル[B5]に割引率のセル[C2]をかけた数式を入力します。この数式を下方向にコピーすると、正しい計算結果を求めることができません。

### 解説 相対参照の利用

割引額のセル[C5]をセル[C6]～[C9]にコピーすると、相対参照によって、セル[C2]へのセル参照が自動的に変更され、正しい計算結果が求められません。数式をコピーしても、参照するセルを常に固定したいときは、絶対参照を利用します（次ページ参照）。

| コピー先のセル | コピーされた数式 |
|---|---|
| C6 | =B6＊C3 |
| C7 | =B7＊C4 |
| C8 | =B8＊C5 |
| C9 | =B9＊C6 |

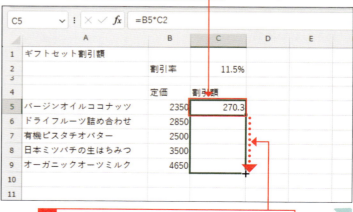

**1** セル[B5]とセル[C2]を参照した数式「=B5*C2」を入力します。

**2** Enter を押して、計算結果を求めます。

**3** セル[C5]の数式をセル[C9]までコピーします。

**4** 正しい計算結果を求めることができません（左ページ下の「解説」参照）。

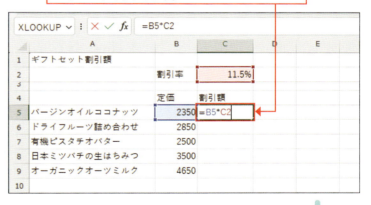

## ② 数式を絶対参照にしてコピーする

### 解説

**エラーを回避する**

相対参照によって生じるエラーを回避するには、参照先のセルの位置を固定します。ここでは、割引率のセル[C2]を固定して、数式をコピーしてもエラーにならないようにします。セルを固定するには、行と列の番号の前に「$」（ドル）を入力します。F4 を押すことで、自動的に「$」が入力されます。これを「絶対参照」といいます。

**1** コピーもとの数式が入力されているセル[C5]をダブルクリックします。

**2** 参照を固定したいセル[C2]をクリックして、

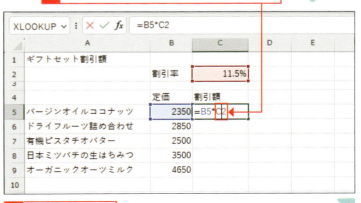

**3** F4 を押します。

### 重要用語

**絶対参照**

「絶対参照」とは、参照するセル番号を固定する参照方式のことです。数式をコピーしても、絶対参照に指定したセル番号は変わりません。

### 💬 解説

#### 絶対参照の利用

絶対参照に指定したセル番号は、数式をコピーしても変更されません。右の手順では、参照を固定したい割引率のセル[C2]を絶対参照に指定しているので、セル[C5]の数式をセル[C6]～[C9]にコピーしても、セル[C2]へのセル参照が保持され、計算が正しく行われます。なお、絶対参照を利用していない定価のセル[B5]は、自動的にセル参照が更新されます。

| コピー先のセル | コピーされた数式 |
|---|---|
| C6 | =B6＊$C$2 |
| C7 | =B7＊$C$2 |
| C8 | =B8＊$C$2 |
| C9 | =B9＊$C$2 |

---

**4** セル[C2]が[$C$2]に変わり、絶対参照になります。

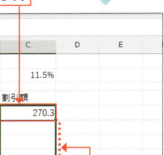

**5** Enter を押して、計算結果を求めます。

**6** セル[C5]の数式をセル[C9]までコピーすると、

**7** 正しい計算結果を求めることができます（左の「解説」参照）。

## 応用技 複合参照でコピーする

セルの参照方式には、相対参照、絶対参照のほかに複合参照があります。「複合参照」とは、相対参照と絶対参照を組み合わせた参照方式のことで、行のみを固定する場合と、列のみを固定する場合があります。複合参照は、数式を横方向と縦方向にコピーする場合に利用されます。

下の例のように、列［B］に「定価」、行［2］に「割引率」を入力し、それぞれの項目が交差する位置に割引額を求める場合は、常に列［B］と行［2］のセルを参照する必要があります。このようなときは、列または行のいずれかの参照先を固定する複合参照を利用します。

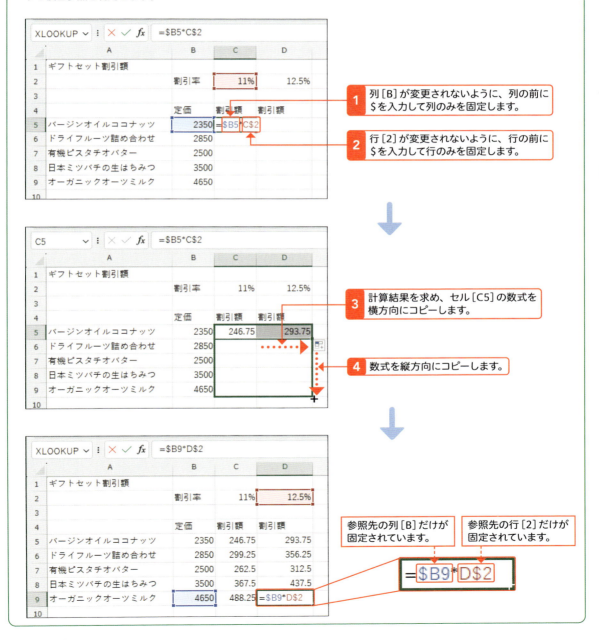

## Section 26 数式のエラーを解決しよう

**ここで学ぶこと**
・エラーインジケーター
・エラー値
・エラーチェックオプション

Excelでは、入力した数式が正しくない場合や、計算の結果が正しく求められない場合などに、**エラーインジケーター**や**エラー値**が表示されます。このような場合は、エラーの内容を確認して修正しましょう。

 練習▶26_ギフトセット売上

### 1 エラーインジケーターとエラー値

Excelでは、さまざまなエラーを自動的にチェックして、エラーの可能性のあるセルには、エラーインジケーターやエラー値が表示されます。

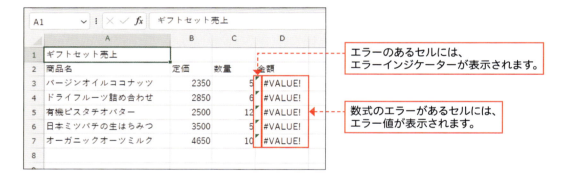

エラーのあるセルには、エラーインジケーターが表示されます。

数式のエラーがあるセルには、エラー値が表示されます。

●エラーインジケーターの設定

エラーインジケーターを表示するかどうかは、個別に指定することができます。[ファイル]タブの[その他]から[オプション]をクリックして、[Excelのオプション]ダイアログボックスを表示し、[数式]タブの[エラーチェックルール]で設定します。

## ② エラーの内容を確認する

**補足**

**エラーの内容を確認する**

エラーインジケーターが表示されたセルをクリックすると、[エラーチェックオプション]が表示されます。[エラーチェックオプション]をクリックして表示されるメニューを利用すると、エラーの原因を調べたり、エラーの内容に応じた修正を行ったりすることができます。

**1** エラーインジケーターが表示されたセルをクリックして、

**2** [エラーチェックオプション]にマウスポインターを合わせると、エラーの内容を示すヒントが表示されます。

**3** [エラーチェックオプション]をクリックすると、

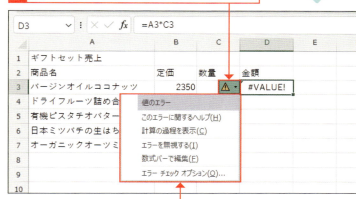

**4** エラーの内容に応じた修正方法を確認することができます。

---

**解説　エラー値と原因**

エラーとして表示される値には、下表のようなものがあります。原因を知っておくと、エラーの修正に役立ちます。

| エラー値 | 原因 |
| --- | --- |
| #VALUE! | 数式の参照先や関数の引数の型、演算子の種類などが間違っている場合に表示されます。 |
| #NAME? | 関数名が間違っていたり、数式内の文字列を「"」で囲んでいなかったりした場合に表示されます。 |
| #DIV/0! | 割り算の除数（割るほうの数）の値が「0」または未入力で空白の場合に表示されます。 |
| #N/A | XLOOKUP関数、VLOOKUP関数、LOOKUP関数、HLOOKUP関数、MATCH関数などの関数で、検索した値が検索範囲内に存在しない場合に表示されます。 |
| #NULL! | 参照するセル範囲の指定が間違っている場合に表示されます。 |
| #NUM! | 引数として指定できる数値の範囲を超えている場合に表示されます。 |
| #REF! | 数式内で参照しているセルが、行や列の削除などで参照できなくなった場合に表示されます。 |

## ③ エラーを修正する

### 解説

**エラーを修正する**

エラーが表示されているセルをクリックすると表示される[エラーチェックオプション]をクリックして、[数式バーで編集]をクリックすると、数式バーで数式が修正できます。ここでは、セル[B3]の価格とセル[C3]の数量をかけ算するはずの数式がセル[A3]の商品名でかけ算する数式になっているので、修正します。

**1** エラーが表示されているセルをクリックして、[エラーチェックオプション]をクリックします。

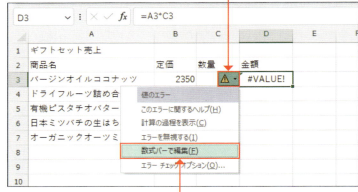

**2** [数式バーで編集]をクリックすると、

**3** 数式バーにカーソルが表示されるので、数式を修正します。

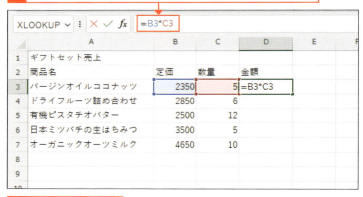

**4** Enter を押すと、

**5** エラーが修正されます。

### 補足

**エラーを無視する**

[エラーチェックオプション]をクリックして[エラーを無視する]をクリックすると、エラーインジケーターが非表示になります。不要なエラーインジケーターは、94ページの[エラーチェックルール]で表示しない設定にすることができます。

# 第4章

# 関数を使って計算しよう

Section 27 合計を計算しよう

Section 28 平均を計算しよう

Section 29 関数の数式を修正しよう

Section 30 最大値／最小値を計算しよう

Section 31 ふりがなを表示しよう

Section 32 数値を四捨五入しよう

Section 33 数値を切り上げ／切り捨てよう

Section 34 IF関数を利用しよう

Section 35 SUMIF関数を利用しよう

Section 36 XLOOKUP関数を利用しよう

## この章で学ぶこと

# 関数の基本を知ろう

## ▶ 関数とは？

「関数」とは、特定の計算を行うためにExcelにあらかじめ用意されている機能のことです。計算に必要な「引数」（ひきすう）を指定するだけで、計算結果をかんたんに求めることができます。引数の種類や指定方法は、関数によって異なります。関数を使った計算によって得られる値のことを、「戻り値」（もどりち）と呼びます。

### ●関数の書式

関数は、先頭に「=」（等号）を付けて関数名を入力し、その後ろに引数をかっこ「( )」で囲んで指定します。引数に連続する範囲を指定する場合は、開始セルと終了セルを「:」（コロン）で区切ります。引数の数が複数ある場合は、引数と引数の間を「,」（カンマ）で区切ります。関数名や「=」「(」「,」「)」などは、すべて半角で入力します。

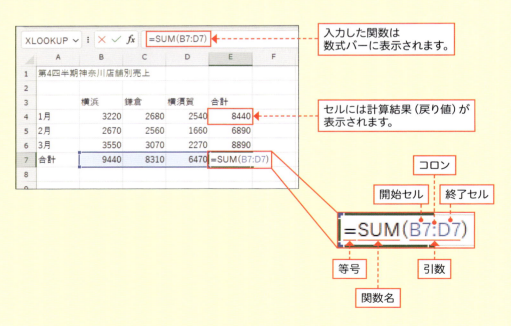

## ▶ 関数の入力方法

Excelで関数を入力するには、以下の方法があります。

①［ホーム］タブの［オートSUM］を使う。
②［数式］タブの［関数ライブラリ］グループの各コマンドを使う。
③［数式］タブの［関数の挿入］または数式バーの［関数の挿入］をクリックすると表示される［関数の挿入］ダイアログボックスを使う。
④数式バーやセルに直接関数を入力する。

### ●［ホーム］タブの［オートSUM］

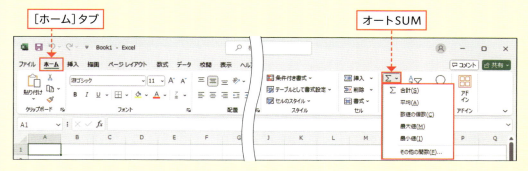

### ●［数式］タブの［関数ライブラリ］グループ

### ●［関数の挿入］ダイアログボックス

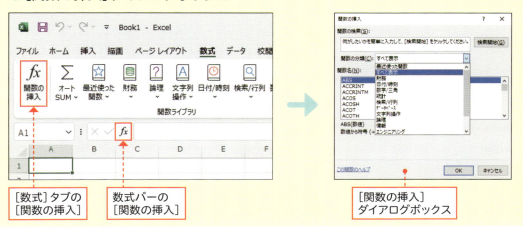

# Section 27 合計を計算しよう

**ここで学ぶこと**
・オートSUM
・合計
・SUM関数

Excelでは、**行や列の合計を求める**作業が頻繁に行われます。合計を求めるときは、**SUM関数**を使います。SUM関数は、[ホーム]タブの[オートSUM]からかんたんに入力できます。

練習▶27_第4四半期東京店舗別売上

## 1 合計を求める

### 解説

**合計を求める**

指定したセル範囲の合計を求めるには、SUM関数を使います。SUM関数は、右の手順のように[ホーム]タブの[オートSUM]から入力します。[オートSUM]は、[数式]タブの[関数ライブラリ]グループから入力することもできます。

### 重要用語

**SUM関数**

「SUM（サム）関数」は、指定された数値やセル範囲の合計を求める関数です。
書式：=SUM(数値1, 数値2, …)

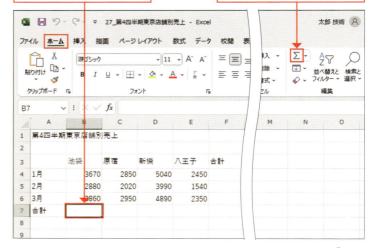

**1** 合計を表示するセルをクリックして、

**2** [ホーム]タブの[オートSUM]をクリックします。

**3** 計算の対象となる範囲が自動的に選択されるので、

**4** 間違いがないかを確認して、 Enter を押すと、

**5** セル範囲の合計が求められます。

## ② 離れた位置にあるセルの合計を求める

**解説**

**離れた位置にあるセルの合計を求める**

合計の対象となるセル範囲が離れた位置にある場合や、別のシートにあるセルの合計を求める場合は、[オートSUM]を使って対象範囲を自動設定することができません。このようなときは、右の手順のように合計の対象とするセル範囲をドラッグして指定します。なお、Ctrlを押しながら、セルを1つずつ選択することもできます。

**1** 合計を表示するセルをクリックして、

**2** [ホーム]タブの[オートSUM]をクリックします。

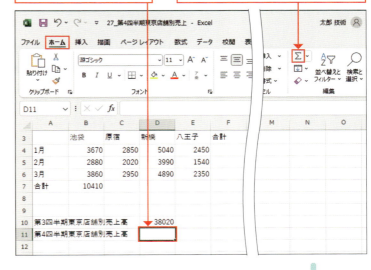

**3** 合計の対象とするセル範囲をドラッグして、

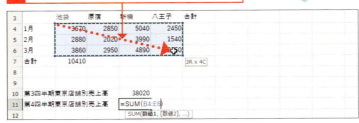

**4** [Enter]を押すと、

**5** 指定したセル範囲の合計が求められます。

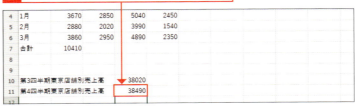

**ヒント**

**行と列、総合計をまとめて求める**

行と列の合計、総合計をまとめて求めることもできます。合計を表示するセルも含めてセル範囲を選択し、[ホーム]タブの[オートSUM]をクリックします。

101

# Section 28 平均を計算しよう

### ここで学ぶこと
- オートSUM
- 平均
- AVERAGE関数

Excelでは、平均を求める作業も頻繁に行われます。平均を求めるときは、**AVERAGE関数**を使います。AVERAGE関数は、[ホーム]タブの[オートSUM]のメニューから選んで、かんたんに入力することができます。

📁 練習▶28_第4四半期店舗別売上_1、28_第4四半期店舗別売上_2

## 1 平均を求める

### 💬 解説

**平均を求める**

指定したセル範囲の平均を求めるには、AVERAGE関数を使います。AVERAGE関数は、右の手順のように[ホーム]タブの[オートSUM]から入力します。[オートSUM]は、[数式]タブの[関数ライブラリ]グループから入力することもできます。

### 🔍 重要用語

**AVERAGE関数**

「AVERAGE(アベレージ)関数」は、指定された数値やセル範囲の平均を求める関数です。
書式：=AVERAGE(数値1, 数値2, …)

**1** 平均を表示するセルをクリックして、

**2** [ホーム]タブの[オートSUM]のここをクリックし、

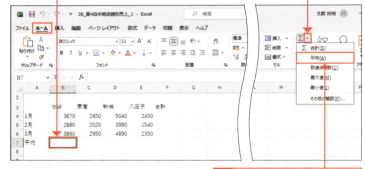

**3** [平均]をクリックします。

**4** 計算の対象となる範囲が自動的に選択されるので、

**5** 間違いがないかを確認して、Enterを押すと、

**6** セル範囲の平均が求められます。

## ② 離れた位置にあるセルの平均を求める

### 解説

**離れた位置にあるセルの平均を求める**

平均の対象となるセル範囲が離れた位置にある場合や、別のシートにあるセルの平均を求める場合は、[オートSUM]を使って対象範囲を自動設定することができません。このようなときは、右の手順のように平均の対象とするセル範囲をドラッグして指定します。なお、Ctrl を押しながら、セルを1つずつ選択することもできます。

### ヒント

**関数のヘルプを表示する**

入力した関数のヘルプを表示することができます。関数が入力されているセルをクリックして、数式バーに表示される関数名をクリックし、ポップアップ表示される関数をクリックすると、画面の右側にヘルプが表示されます。

**1** 平均を表示するセルをクリックして、

**2** [ホーム]タブの[オートSUM]のここをクリックし、

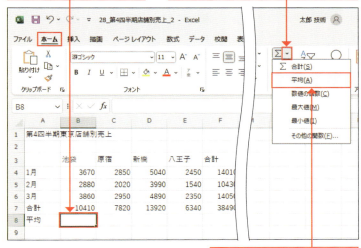

**3** [平均]をクリックします。

**4** 計算の対象とするセル範囲をドラッグして、

**5** Enter を押すと、

**6** 指定したセル範囲の平均が求められます。

# Section 29 関数の数式を修正しよう

**ここで学ぶこと**
・カラーリファレンス
・数式の参照範囲
・参照範囲の変更

数式内のセルの位置に対応するセル範囲は**カラーリファレンス**で囲まれて表示されるので、対応関係をひとめで確認できます。この枠をドラッグすると、**参照先や範囲をかんたんに変更**することができます。

練習▶29_下半期東京店舗別売上

## 1 関数の数式を修正する

### 解説

**関数の数式を修正する**

関数が入力されているセルをダブルクリックすると、参照しているセル範囲がカラーリファレンスで囲まれて表示されます。このカラーリファレンスの範囲を変更することで、関数が参照するセル範囲を修正できます。

**1** 関数が入力されているセルをダブルクリックすると、

**2** 参照しているセル範囲が色付きの枠（カラーリファレンス）で囲まれて表示されます。

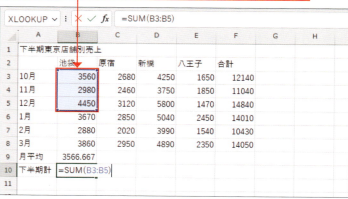

## 解説

### 参照先を移動する

カラーリファレンスの四隅のハンドルにマウスポインターを合わせると、マウスポインターの形が ⤡ に変わります。この状態でドラッグすると、参照先のセル範囲を変更することができます。ハンドルを水平、垂直方向にドラッグすると、参照先をどの方向にも広げたり狭めたりすることができます。

### 応用技

**カラーリファレンスを利用しない場合**

カラーリファレンスを利用せずに参照先を変更するには、数式バーまたはセルで直接数式を入力して修正します。

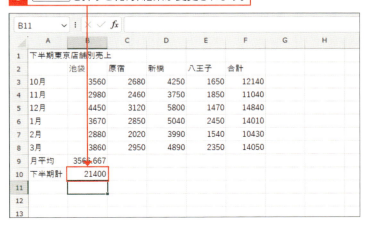

**3** カラーリファレンスの四隅のハンドルにマウスポインターを合わせると、マウスポインターの形が変わります。

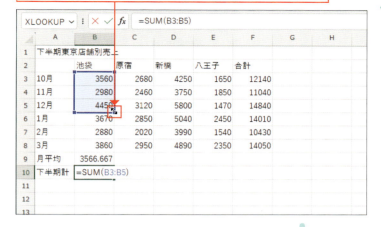

**4** そのままセル［B8］までドラッグすると、

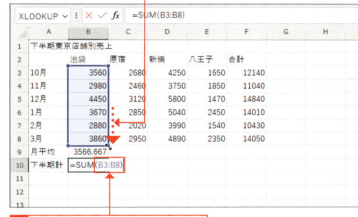

**5** 参照するセル範囲が変更されます。

**6** Enter を押すと、計算結果が変更されます。

# Section 30 最大値／最小値を計算しよう

**ここで学ぶこと**
・オートSUM
・MAX関数
・MIN関数

売上の最高額や最低額、成績の最高点や最低点などを求める場合は、関数を使うとかんたんに求めることができます。**最大値はMAX関数**を、**最小値はMIN関数**を使います。

練習▶30_商品分類四半期別売上

## 1 最大値を求める

### 解説

**最大値を求める**

指定したセル範囲の最大値を求めるには、MAX関数を使います。MAX関数は、右の手順のように [ホーム] タブの [オートSUM] から入力します。

**1** 最大値を表示するセルをクリックして、

**2** [ホーム] タブの [オートSUM] のここをクリックし、

**3** [最大値] をクリックします。

**4** 計算の対象となる範囲が自動的に選択されるので、

**5** 間違いがないかを確認して、Enter を押すと、

**6** セル範囲の最大値が求められます。

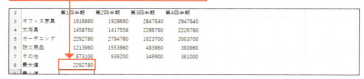

### 重要用語

**MAX関数**

「MAX（マックス）関数」は、指定された数値やセル範囲の最大値を求める関数です。
書式：=MAX(数値1, 数値2, …)

## ❷ 最小値を求める

### 💬 解説

**最小値を求める**

指定したセル範囲の最小値を求めるには、MIN関数を使います。MIN関数は、右の手順のように[ホーム]タブの[オートSUM]から入力します。

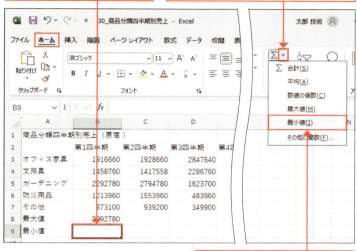

1. 最小値を表示するセルをクリックして、
2. [ホーム]タブの[オートSUM]のここをクリックし、
3. [最小値]をクリックします。

### 💬 解説

**離れた位置にあるセル範囲の最小値を求める**

最小値を求めるセルが離れた位置にある場合は、前ページのように対象範囲を自動設定することができません。このようなときは、右の手順のように対象とするセル範囲をドラッグして指定します。

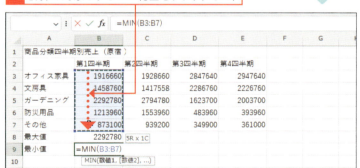

4. 計算の対象とするセル範囲をドラッグして、
5. Enter を押すと、

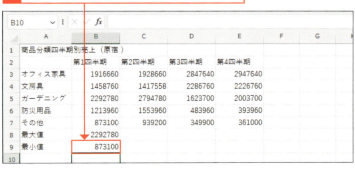

6. 指定したセル範囲の最小値が求められます。

### 🔍 重要用語

**MIN関数**

「MIN(ミン)関数」は、指定された数値やセル範囲の最小値を求める関数です。
**書式**：=MIN(数値1, 数値2, …)

# Section 31 ふりがなを表示しよう

**ここで学ぶこと**
・PHONETIC関数
・ふりがなの編集
・ふりがなの設定

**PHONETIC関数**を使用すると、**データを入力したときの読みの情報を取り出して、** ふりがなとして表示することができます。ただし、本来の読みとは異なる読みで入力した場合は、もとのセルのふりがなを修正する必要があります。

練習▶31_新規顧客名簿

## 1 ふりがなを表示する

### 解説

**ふりがなを表示する**

漢字のふりがなをほかのセルに表示するには、PHONETIC関数を使います。右の手順のように[数式]タブの[その他の関数]の[情報]から入力します。

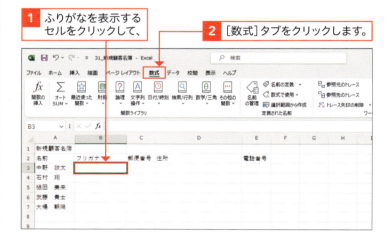

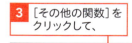
1 ふりがなを表示するセルをクリックして、

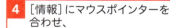
2 [数式]タブをクリックします。

3 [その他の関数]をクリックして、

4 [情報]にマウスポインターを合わせ、

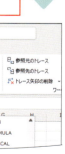

5 [PHONETIC]をクリックします。

### 重要用語

**PHONETIC関数**

「PHONETIC（フォネティック）関数」は、引数「文字列」に指定したセルの読みを取り出す関数です。
書式：=PHONETIC(文字列)

108

## ふりがなをひらがなに変更する

表示したふりがなを、カタカナからひらがなに変更することもできます。ふりがなを取り出す漢字のセル範囲を選択して、[ホーム]タブの[ふりがなの表示/非表示]の▼をクリックし、[ふりがなの設定]をクリックします。[ふりがなの設定]ダイアログボックスで[ひらがな]をオンにして、[OK]をクリックします。

**6** [参照]欄をクリックして、

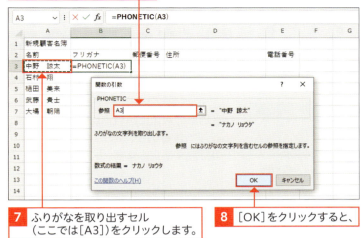

**7** ふりがなを取り出すセル（ここでは[A3]）をクリックします。

**8** [OK]をクリックすると、

**9** ふりがなが表示されます。

**10** ほかのセルに、数式をコピーします（86ページ参照）。

---

 **ふりがなを修正する**

漢字を入力するときに本来とは異なる読みで入力した場合や、データをほかのアプリからコピーして貼り付けた場合は、もとのセルのふりがなを修正する必要があります。ふりがなを修正したい漢字のセルをクリックして、[ホーム]タブの[ふりがなの表示/非表示]の▼をクリックし、[ふりがなの編集]をクリックして修正します。

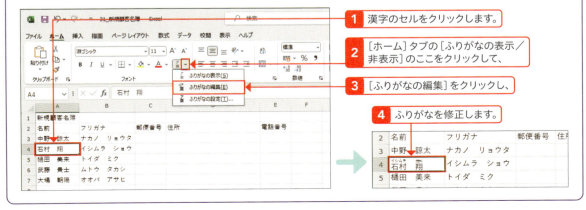

**1** 漢字のセルをクリックします。

**2** [ホーム]タブの[ふりがなの表示/非表示]のここをクリックして、

**3** [ふりがなの編集]をクリックし、

**4** ふりがなを修正します。

# Section 32 数値を四捨五入しよう

## ここで学ぶこと
- 四捨五入
- ROUND関数
- 小数点以下の桁数

計算結果の数値に小数点以下の桁数が表示される場合に、**指定した桁数で数値を四捨五入**できるのが、**ROUND関数**です。引数には、四捨五入した結果の小数点以下の桁数を指定します。

練習▶32_ギフトセット割引

## ① 数値を四捨五入する

### 解説

**数値を四捨五入する**

数値を四捨五入するには、ROUND関数を使います。[数式]タブの[数学/三角]をクリックして、[ROUND]をクリックし、[関数の引数]ダイアログボックスで[数値]と[桁数]を指定します。

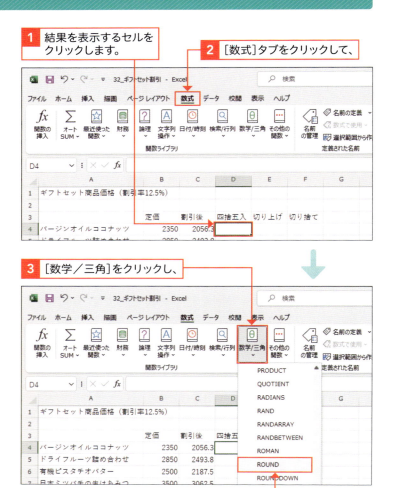

## 重要用語

### ROUND関数

「ROUND（ラウンド）関数」は、数値を四捨五入する関数です。引数「数値」には、四捨五入する数値や、数値を入力したセルを指定します。「桁数」には、四捨五入した結果の小数点以下の桁数を指定します（下の「ヒント」参照）。

書式：**=ROUND（数値，桁数）**

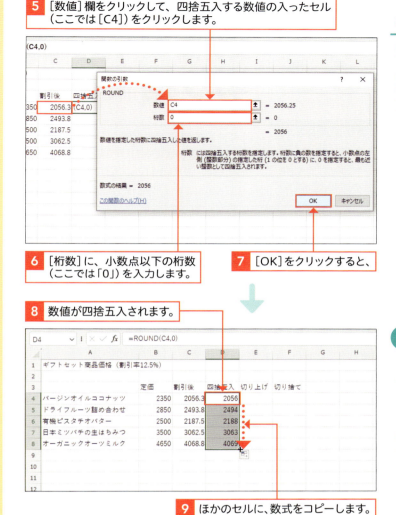

5 ［数値］欄をクリックして、四捨五入する数値の入ったセル（ここでは［C4］）をクリックします。

6 ［桁数］に、小数点以下の桁数（ここでは「0」）を入力します。

7 ［OK］をクリックすると、

8 数値が四捨五入されます。

9 ほかのセルに、数式をコピーします。

### 💡 ヒント　ROUND関数の桁数の指定方法

ROUND関数の「桁数」には、四捨五入した結果の小数点以下の桁数を指定します。桁数が正の数のときは小数部分で、「0」のときは小数点以下第1位で、負の数のときは整数部分で、それぞれ四捨五入が行われます。

| 桁数 | 内容 | 入力例 | 結果 |
|---|---|---|---|
| 2 | 小数点以下第3位で四捨五入する | =ROUND(123.456,2) | 123.46 |
| 1 | 小数点以下第2位で四捨五入する | =ROUND(123.456,1) | 123.5 |
| 0 | 小数点以下第1位で四捨五入する | =ROUND(123.456,0) | 123 |
| -1 | 1の位で四捨五入する | =ROUND(123.456,-1) | 120 |
| -2 | 10の位で四捨五入する | =ROUND(123.456,-2) | 100 |

# Section 33 数値を切り上げ／切り捨てよう

**ここで学ぶこと**
・ROUNDUP関数
・ROUNDDOWN関数
・小数点以下の桁数

計算結果の数値に小数点以下の桁数が表示される場合に、指定した桁数で数値を**切り上げる**には**ROUNDUP関数**を、**切り捨てる**には**ROUNDDOWN関数**を使います。引数には、切り上げた／切り捨てた結果の小数点以下の桁数を指定します。

練習▶33_ギフトセット割引

## ① 数値を切り上げる

### 解説

**数値を切り上げる**

数値を切り上げるには、ROUNDUP関数を使います。［数式］タブの［数学／三角］をクリックして、［ROUNDUP］をクリックし、［関数の引数］ダイアログボックスで［数値］と［桁数］を指定します。

### 重要用語

**ROUNDUP関数**

「ROUNDUP（ラウンドアップ）関数」は、数値を切り上げる関数です。引数「数値」には、切り上げの対象にする数値や数値を入力したセルを指定します。「桁数」には、切り上げた結果の小数点以下の桁数を指定します（右ページの「ヒント」参照）。

書式：=ROUNDUP(数値, 桁数)

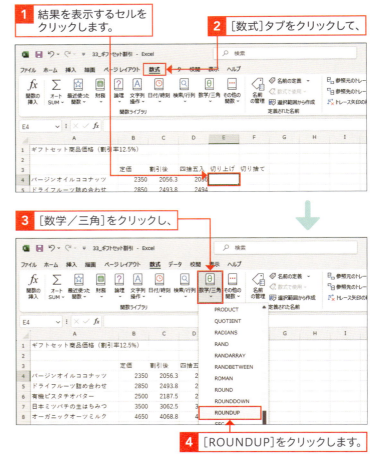

1. 結果を表示するセルをクリックします。
2. ［数式］タブをクリックして、
3. ［数学／三角］をクリックし、
4. ［ROUNDUP］をクリックします。
5. 111ページの手順5～9と同様の方法で［数値］と［桁数］を指定すると、数値が切り上げられます。

# ❷ 数値を切り捨てる

## 解説

### 数値を切り捨てる

数値を切り捨てるには、ROUNDDOWN関数を使います。[数式]タブの[数学／三角]をクリックして、[ROUNDDOWN]をクリックし、[関数の引数]ダイアログボックスで[数値]と[桁数]を指定します。

| 関数の引数 | | |
|---|---|---|
| ROUNDDOWN | | |
| 数値 | C4 | |
| 桁数 | 0 | |

数値を切り捨てます。

## 重要用語

### ROUNDDOWN関数

「ROUNDDOWN（ラウンドダウン）関数」は、数値を切り捨てる関数です。引数「数値」には、切り捨ての対象にする数値や数値を入力したセルを指定します。「桁数」には、切り捨てた結果の小数点以下の桁数を指定します（下の「ヒント」参照）。
**書式：=ROUNDDOWN（数値, 桁数）**

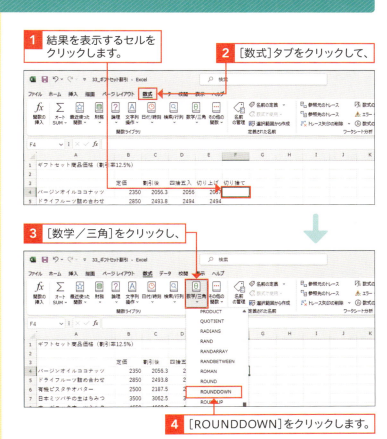

1. 結果を表示するセルをクリックします。
2. [数式]タブをクリックして、
3. [数学／三角]をクリックし、
4. [ROUNDDOWN]をクリックします。
5. 111ページの手順 5 〜 9 と同様の方法で[数値]と[桁数]を指定すると、数値が切り捨てられます。

## ヒント ROUNDUP関数／ROUDDOWN関数の桁数の指定方法

ROUNDUP関数の「桁数」には、切り上げた結果の小数点以下の桁数を指定します。ROUNDDOWN関数の「桁数」には、切り捨てた結果の小数点以下の桁数を指定します。

| 桁数 | 内容 | 入力例 | 結果 |
|---|---|---|---|
| 2 | 小数点以下第3位を切り上げ | =ROUNDUP(123.456,2) | 123.46 |
| 2 | 小数点以下第3位を切り捨て | =ROUNDDOWN(123.456,2) | 123.45 |
| 1 | 小数点以下第2位を切り上げ | =ROUNDUP(123.456,1) | 123.5 |
| 1 | 小数点以下第2位を切り捨て | =ROUNDDOWN(123.456,1) | 123.4 |
| 0 | 小数点以下第1位を切り上げ | =ROUNDUP(123.456,0) | 124 |
| 0 | 小数点以下第1位を切り捨て | =ROUNDDOWN(123.456,0) | 123 |
| -1 | 1の位以下を切り上げ | =ROUNDUP(123.456,-1) | 130 |
| -1 | 1の位以下を切り捨て | =ROUNDDOWN(123.456,-1) | 120 |
| -2 | 10の位以下を切り上げ | =ROUNDUP(123.456,-2) | 200 |
| -2 | 10の位以下を切り捨て | =ROUNDDOWN(123.456,-2) | 100 |

# Section 34 IF関数を利用しよう

### ここで学ぶこと
- IF関数
- 条件分岐
- 比較演算子

**指定した条件に一致するかどうかを判定し、その結果によって処理を振り分けたい**ときは、**IF関数**を使います。IF関数では、「論理式」に「もし〜ならば」という条件を指定し、条件を満たすかどうかで処理を振り分けます。

練習▶34_PCスキル資格試験結果_1、PCスキル資格試験結果_2

## 1 条件に応じて処理を振り分ける

### 解説
**条件に応じて処理を振り分ける**

条件に応じて処理を振り分けるには、IF関数を使います。ここでは、セル[E4]の「合計点」が250以上の場合は「合格」、それ以外は「不合格」と表示します。

### 重要用語
**IF関数**

「IF(イフ)関数」は、条件を満たすかどうかで処理を振り分ける関数です。条件を「論理式」で指定し、その条件が満たされる場合は「値が真の場合」で指定した値を表示し、満たされない場合は「値が偽の場合」で指定した値を表示します。
書式：=IF(論理式, 値が真の場合, 値が偽の場合)

**条件分岐の流れ**

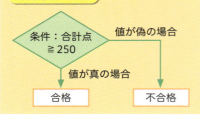

1. 結果を表示するセルをクリックします。
2. [数式]タブをクリックして、

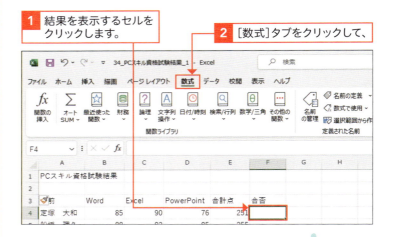

3. [論理]をクリックし、

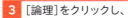

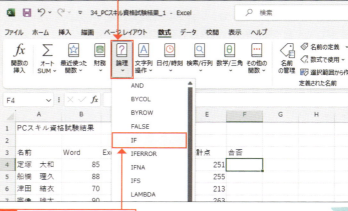

4. [IF]をクリックします。

## 解説

### 条件式の意味

手順 5 の［論理式］では、「セル［E4］の値が 250 以上」を意味する「E4>=250」を入力します。「≧」は、左辺の値が右辺の値以上であることを示す比較演算子です。

## 補足

### 「"」の入力

引数の中で文字列を指定する場合は、半角の「"」（ダブルクォーテーション）で囲む必要があります。なお、［関数の引数］ダイアログボックスでは、［値が真の場合］や［値が偽の場合］に文字列を入力してカーソルを移動したり、［OK］をクリックしたりすると、「"」が自動的に入力されます。

## 重要用語

### 比較演算子

「比較演算子」とは、2つの値を比較するための記号のことです。Excel で利用できる比較演算子は下表のとおりです。

| 記　号 | 意　味 |
|---|---|
| = | 左辺と右辺が等しい |
| > | 左辺が右辺よりも大きい |
| < | 左辺が右辺よりも小さい |
| ≧ | 左辺が右辺以上である |
| ≦ | 左辺が右辺以下である |
| <> | 左辺と右辺が等しくない |

---

**5** ［論理式］に「E4>=250」と入力して（左の「解説」参照）、

**6** ［値が真の場合］に「合格」と入力します。

**7** ［値が偽の場合］に「不合格」と入力して、

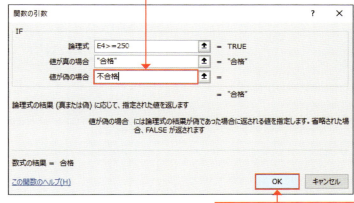

**8** ［OK］をクリックすると、

**9** 条件に応じて処理が振り分けられます。

**10** ほかのセルに、数式をコピーします。

## ② 振り分ける処理の数を増やす

### 解説

**振り分ける処理の数を増やす**

IF関数では、引数にIF関数を指定することで、振り分ける処理の数を増やすことができます。関数の引数に関数を指定することを、「ネスト」または「入れ子」といいます。

**1** 結果を表示するセルをクリックします。

**2** [数式]タブをクリックして、

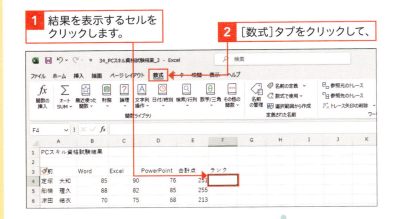

**3** [論理]をクリックし、

**4** [IF]をクリックします。

**5** [論理式]に「E4>=250」と入力して、

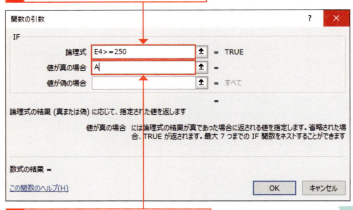

**6** [値が真の場合]に「A」と入力します。

## 解説
### IF関数の中にIF関数をネストする

ここでは、最初のIF関数の論理式に「セル[E4]の値が250以上」を指定し、条件が満たされる場合は「A」を表示します。満たされない場合は、もう1つのIF関数の論理式に「セル[E4]の値が225以上」と指定し、条件が満たされる場合は「B」を、満たされない場合は「C」を表示します。

**7** ［値が偽の場合］に「IF(E4>=225,"B","C")」と入力して、

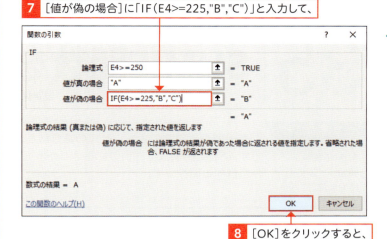

**8** ［OK］をクリックすると、

**9** 条件に応じて処理が振り分けられます。

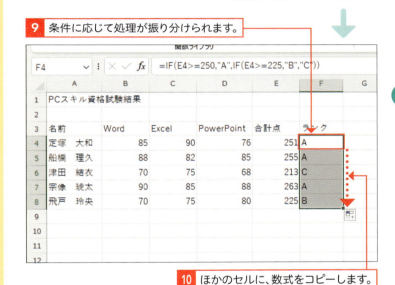

**10** ほかのセルに、数式をコピーします。

---

 **補足** セルに空白を表示するには

条件を満たす場合や満たさない場合にセルを空白にするには、「"」（ダブルクォーテーション）を2つ続けて入力します。例えば、手順**7**で「IF(E4>=225,"B","")」と入力すると、条件が満たされる場合は「B」を表示し、満たされない場合は何も表示しません。

# Section 35 SUMIF関数を利用しよう

## ここで学ぶこと
・SUMIF関数
・範囲
・検索条件

表の中から**条件に合ったセルの値だけを合計**したいときは、**SUMIF関数**を使います。SUMIF関数は、引数に指定したセル範囲から検索条件に一致するセルの値を合計する関数です。

 練習▶35_売上表

## ① 条件を満たすセルの値を合計する

### 解説
**条件を満たすセルの値を合計する**

表の中から条件に合ったセルの値を合計するには、SUMIF関数を使います。［数式］タブの［数学／三角］をクリックして、［SUMIF］をクリックし、［関数の引数］ダイアログボックスで［範囲］と［検索条件］、［合計範囲］を指定します。

**1** 結果を表示するセルをクリックします。

**2** ［数式］タブをクリックして、

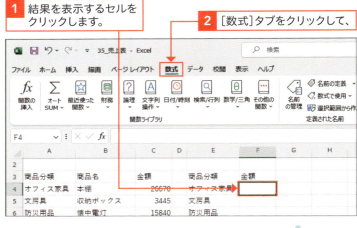

**3** ［数学／三角］をクリックし、

**4** ［SUMIF］をクリックします。

## 解説

### ここで入力している数式

ここでは、セル[E4]に入力した条件を、商品分類のセル範囲[A4:A11]から検索し、一致するセルの「金額」を合計しています。

## 重要用語

### SUMIF関数

「SUMIF（サムイフ）関数」は、引数に指定したセル範囲から、検索条件に一致するセルの値を合計する関数です。引数「範囲」には、検索の対象となるセル範囲を指定します。「検索条件」には、合計を求めたい値の条件を指定します。「合計範囲」には、合計を求めるセル範囲を指定します。

書式：= SUMIF（範囲，検索条件，合計範囲）

---

**5** [範囲]欄をクリックして、検索の対象とするセル範囲（ここでは[A4]から[A11]）をドラッグして指定します。

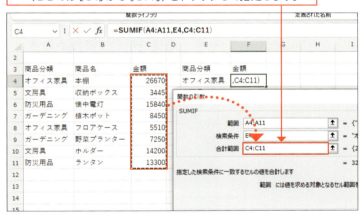

**6** [検索条件]欄をクリックして、条件を入力したセル（ここでは[E4]）をクリックします。

**7** [合計範囲]欄をクリックして、計算の対象とするセル範囲（ここでは[C4]から[C11]）をドラッグして指定します。

**8** [OK]をクリックすると、条件に一致したセルの合計が求められます。

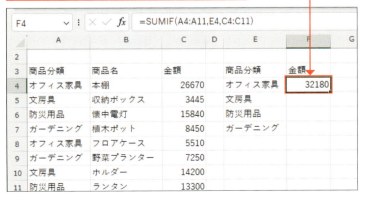

# Section 36 XLOOKUP関数を利用しよう

**ここで学ぶこと**
・XLOOKUP関数
・検索値
・スピル

表に商品IDなどを入力すると、対応する商品名や価格などが自動的に表示されるようにするには、**XLOOKUP関数**を使います。XLOOKUP関数は、**特定のデータを、指定したセル範囲から検索して、対応する値を取り出す**関数です。

 練習▶36_売上明細書

## 1 2つの表を用意する

XLOOKUP関数を使って、商品リストから商品IDをもとに商品分類、商品名、価格が自動的に表示されるようにします。商品分類、商品名、価格を取り出して表示するための表と、取り出すもとの商品リストは、2つの異なる表として作成しておきます。2つの表は、同じシートに作成しても、異なるシートに作成してもかまいません。

### ●商品分類、商品名、価格を表示するための表

商品IDを入力すると、商品分類、商品名、価格が自動的に表示されるようにします。

### ●商品リスト

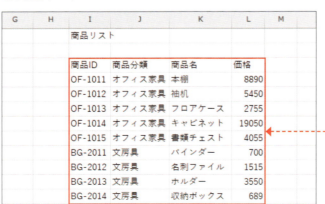

取り出すもとの表を作成します。

## ❷ 商品IDを入力して商品分類、商品名、価格を表示する

### 商品IDから商品名や価格などを表示する

商品IDを入力して、商品名や価格などを取り出して自動的に表示するには、XLOOKUP関数を使います。ここでは、「商品ID」を入力して、別に用意した商品リストから「商品分類」、「商品名」、「価格」を表示します。

**1** 商品分類を取り出すセルをクリックします。

**2** [数式]タブをクリックして、

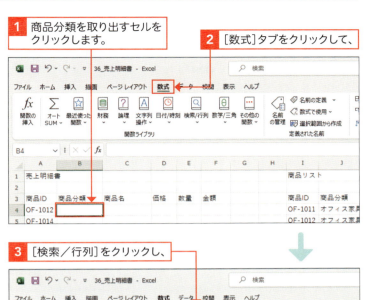

**3** [検索／行列]をクリックし、

**4** [XLOOKUP]をクリックします。

**5** [検索値]欄をクリックして、検索する値を指定するセル(ここではセル[A4])を指定します。

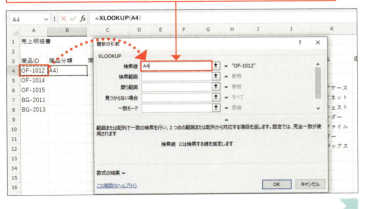

### 重要用語

**XLOOKUP関数**

「XLOOKUP(エックスルックアップ)関数」は、「検索値」と一致するデータを引数「検索範囲」から検索し、該当する値を取り出す関数です。「戻り範囲」には、取り出したい値が入力された範囲を指定します。「見つからない場合」には、検索値が見つからない場合に表示する値(または文字列)を指定します。「一致モード」には、検索値が見つからない場合の検索方法を指定します。「見つからない場合」と「一致モード」は省略可能です。

書式：=XLOOKUP(検索値, 検索範囲, 戻り範囲, 見つからない場合, 一致モード)

## 解説

### 絶対参照にする

手順 6 と 7 では、ほかのセルに数式をコピーしても商品リストのセル範囲がずれないように、絶対参照で指定しています。

## 解説

### VLOOKUP 関数との違い

VLOOKUP 関数は、縦方向のみを検索し、検索範囲が左端にないと検索ができません。また、取り出す項目ごとに列番号を指定して関数を入力する必要があります。
XLOOKUP 関数は、検索範囲を自由に指定でき、データを取り出す位置もセル範囲で指定できるため、数式がわかりやすく、使いやすくなっています。

## ヒント

### 一致モード

「一致モード」には、検索値が見つからない場合の検索方法を指定します。省略した場合は「0」になります。

0：完全一致
-1：見つからない場合は次に小さい項目
1：見つからない場合は次に大きい項目
2：検索値にワイルドカードを使う

---

**6** [検索範囲] 欄をクリックして、「商品ID」が入力されたセル範囲（ここではセル [I4:I12]）をドラッグして指定し、F4 を押して絶対参照にします。

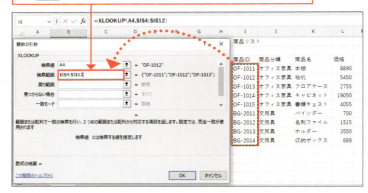

**7** [戻り範囲] 欄をクリックして、商品リストの検索範囲（ここではセル [J4:L12]）をドラッグして指定し、F4 を押して絶対参照にします。

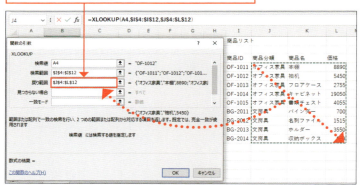

**8** [見つからない場合] 欄をクリックして、検索値が見つからない場合に表示する値（ここでは「"該当なし"」）を入力します。

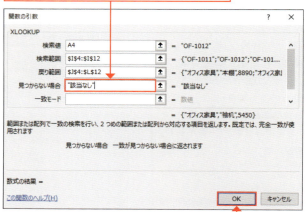

**9** [一致モード] は何も指定せずに（左の「ヒント」参照）、[OK] をクリックします。

### ヒント

**スピル機能**

取り出す列が連続している場合、手順⑩のように、関数を入力したセルの後ろに続くセルにも自動的に結果が表示されます。この機能を「スピル」といいます。

### 補足

**「該当なし」と表示される**

右の手順では、あらかじめ列［A］に「商品ID」が入力されていますが、入力していない場合は、手順❽で［見つからない場合］に指定した「該当なし」が表示されます。その場合は、「商品ID」を入力すると、商品分類、商品名、価格が表示されます。

なお、［見つからない場合］を省略した場合は、エラー値「#N/A」が表示されます（次ページ参照）。

列［A］に商品IDが入力されていない場合は、［見つからない場合］で指定した「該当なし」が表示されます。

---

**10** 商品IDに一致する商品分類、商品名、価格が表示されます。

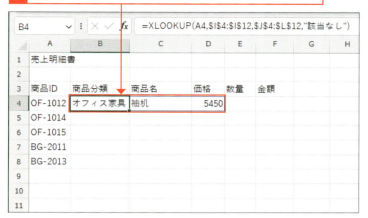

**11** セル［B4］をクリックして、

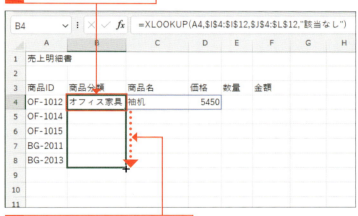

**12** フィルハンドルをドラッグすると、

**13** 商品IDをもとに、対応する商品分類、商品名、価格が表示されます。

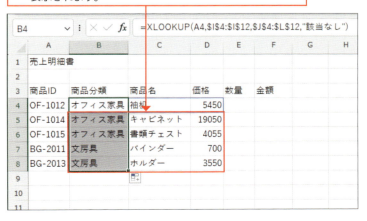

## 応用技　エラー値や「該当なし」を表示させないようにする

XLOOKUP関数では、引数「見つからない場合」を省略することもできます。省略した場合、検索値が空欄のセルにはエラー値「#N/A」が表示されます。このエラー値は「IF関数」を使って表示させないようにすることもできます。検索値が入力されていない場合に指定の値（ここでは空白）を表示し、それ以外の場合は数式の結果を表示します。
同様に、［見つからない場合］で指定した「該当なし」を空白に置き換えることもできます。

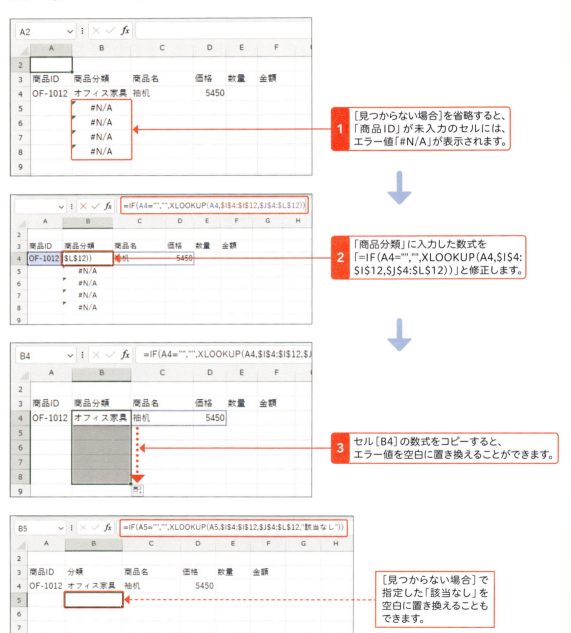

第 **5** 章

# 表の見た目を整えよう

Section 37 セルや文字に色を付けよう

Section 38 文字サイズやフォントを変更しよう

Section 39 文字に太字／斜体／下線を設定しよう

Section 40 文字の配置を変更しよう

Section 41 セルの表示形式を変更しよう

Section 42 日付の表示形式を変更しよう

Section 43 セルを結合しよう

Section 44 セルに罫線を引こう

Section 45 セルの書式をコピーしよう

Section 46 貼り付けのオプションを使いこなそう

## この章で学ぶこと

# 書式の設定を知ろう

## ▶ 書式とは？

Excelで作成した表の見せ方を設定するのが「書式」です。文字色や文字サイズ、フォントなどの文字書式、セルの背景色や文字配置、数値や日付などの表示形式、罫線の設定などを行うことにより、表の見栄えを変更できます。

### ●書式の設定例

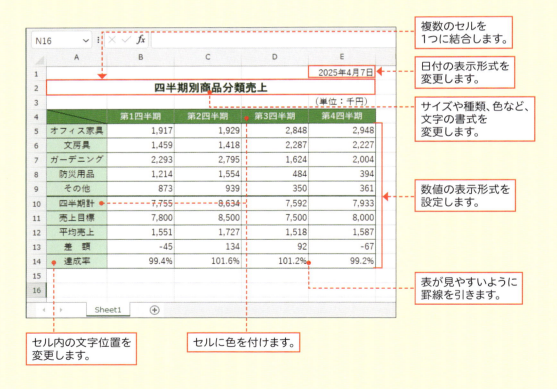

## ▶ 書式の設定方法

セルに書式を設定するには、[ホーム]タブの[フォント][配置][数値]グループの各コマンドを利用します。また、それぞれのグループの右下にある 🔽 をクリックすると表示される[セルの書式設定]ダイアログボックスを利用します。

### ●[ホーム]タブ

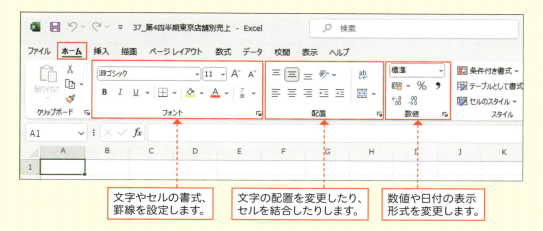

文字やセルの書式、罫線を設定します。

文字の配置を変更したり、セルを結合したりします。

数値や日付の表示形式を変更します。

### ●[セルの書式設定]ダイアログボックス

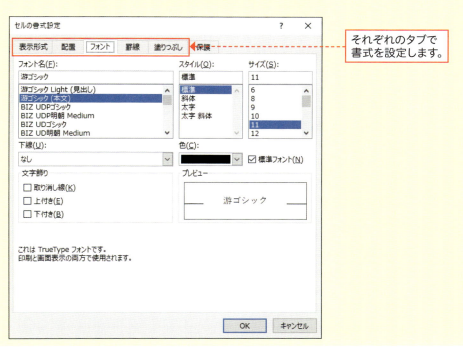

それぞれのタブで書式を設定します。

# Section 37 セルや文字に色を付けよう

**ここで学ぶこと**
・塗りつぶしの色
・フォントの色
・セルのスタイル

セルの背景や文字に色を付けると、見やすい表になります。セルに背景色を付けるには[ホーム]タブの[**塗りつぶしの色**]を、文字に色を付けるには[ホーム]タブの[**フォントの色**]を利用します。

練習▶37_第4四半期東京店舗別売上

## ① セルに色を付ける

### 補足
**テーマの色と標準の色**

[塗りつぶしの色]をクリックして表示される色の一覧には、[テーマの色]と[標準の色]の2種類の分類が用意されています。131ページの方法で[テーマ]を変更すると、[テーマの色]で設定した色が自動的に変更されます。それに対し、[標準の色]で設定した色は、[テーマ]の変更に影響を受けません。

**1** 色を付けるセル範囲を選択します。

**2** [ホーム]タブの[塗りつぶしの色]のここをクリックして、

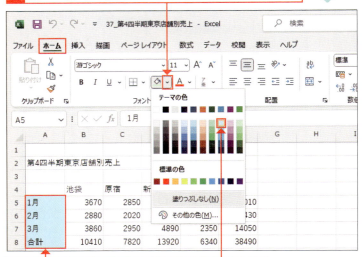

**3** 目的の色をクリックすると、セルに色が付きます。

## ❷ 文字に色を付ける

**書式を消去する**

文字やセルの色などの書式を消去するには、対象のセルを選択して、[ホーム]タブの[クリア]をクリックし、[書式のクリア]をクリックします。

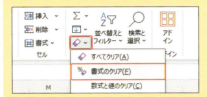

**一覧に目的の色がない場合は？**

手順❷で表示される一覧に目的の色がない場合は、最下段にある[その他の色]をクリックします。[色の設定]ダイアログボックスが表示されるので、使用したい色を指定します。

**1** 文字に色を付けるセルをクリックします。

**2** [ホーム]タブの[フォントの色]のここをクリックして、

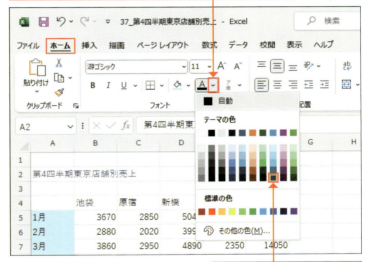

**3** 文字色をクリックすると、

**4** 文字の色が変更されます。

## ③ セルのスタイルを使ってセルや文字に色を付ける

### 🗨 解説

**セルのスタイルを利用する**

［セルのスタイル］とは、セルの背景色や見出しなどの書式がセットになって登録されたものです。［セルのスタイル］を利用すると、あらかじめ用意された書式をセルや文字に設定することができます。なお、［セルのスタイル］は、テーマに基づいて作成されています。別のテーマに変更した場合、そのテーマに合わせて［セルのスタイル］も変更されます（次ページ参照）。

**1** スタイルを設定するセルやセル範囲を選択します。

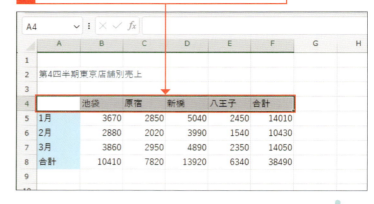

**2** ［ホーム］タブの［セルのスタイル］をクリックして、

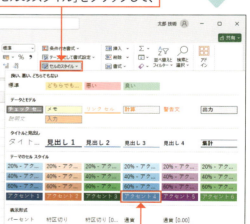

**3** 目的のスタイルをクリックすると、

**4** スタイルが設定されます。

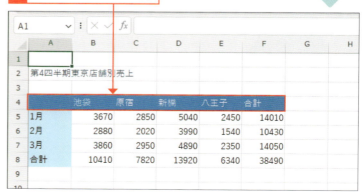

 **補足 テーマを使って表の見た目を変更する**

[テーマ]とは、フォントやセルの背景色、塗りつぶしの効果などの書式をまとめたもので、ブック全体の書式をすばやくかんたんに設定できる機能です。設定したテーマは、ブック内のすべてのシートに適用されます。通常は「Office」というテーマが設定されていますが、これを変更することで表の見た目を大きく変更することができます。
なお、[塗りつぶしの色]や[フォントの色]で[標準の色]を設定したり、[フォント]を[すべてのフォント]の一覧から設定したりした場合、その色やフォントにはテーマの変更が適用されません。

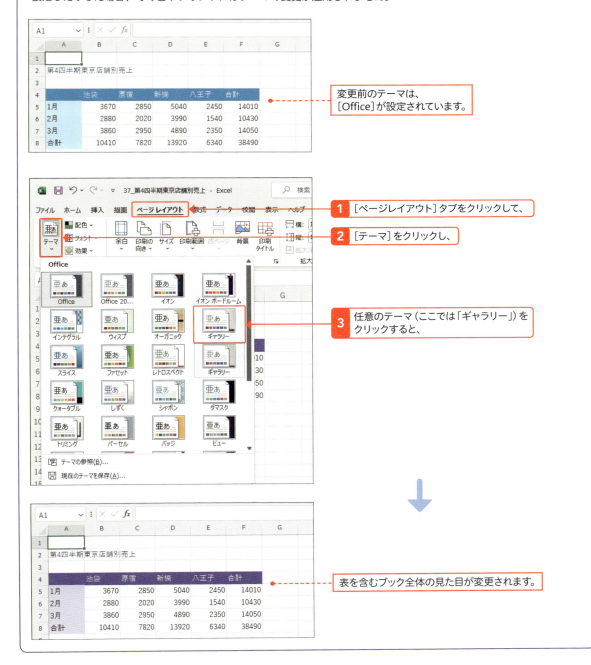

# Section 38 文字サイズやフォントを変更しよう

**ここで学ぶこと**
・文字サイズ
・フォント
・フォントサイズ

文字サイズやフォントを変更すると、表のタイトルや項目などを目立たせたり、重要な個所を強調したりすることができます。［ホーム］タブの［フォントサイズ］と［フォント］を利用します。

練習▶38_第4四半期東京店舗別売上

## ① 文字サイズを変更する

### 解説

**Excelの既定の文字設定**

Excelの既定の文字設定は、フォントは「游ゴシック」、スタイルは「標準」、サイズは「11」ポイントです。なお、1ポイントは1/72インチで、およそ0.35mmです。

1 文字サイズを変更するセルをクリックします。

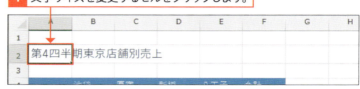

2 ［ホーム］タブの［フォントサイズ］のここをクリックして、

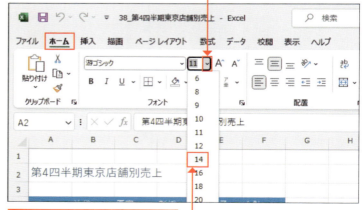

3 文字サイズをクリックすると、

### ヒント

**文字サイズを直接入力する**

［フォントサイズ］は、文字サイズの数値を直接入力して設定することもできます。この場合、一覧には表示されない「9.5pt」や「96pt」といった文字サイズを指定することも可能です。

4 文字サイズが変更されます。

## ② フォントを変更する

### 補足
**ミニツールバーを使う**

文字サイズやフォントは、セルを右クリックすると表示されるミニツールバーから変更することもできます。

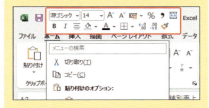

### ヒント
**一部の文字だけを変更するには？**

セルを編集できる状態にして、文字の一部分を選択すると、選択した部分のフォントや文字サイズだけを変更することができます。

文字の一部分を選択します。

---

1　フォントを変更するセルをクリックします。

2　[ホーム]タブの[フォント]のここをクリックして、

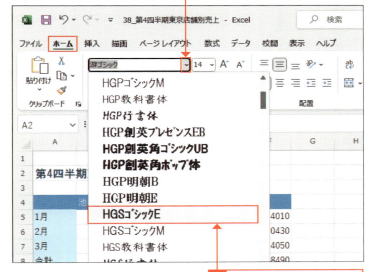

3　フォントをクリックすると、

4　フォントが変更されます。

# Section 39 文字に太字／斜体／下線を設定しよう

**ここで学ぶこと**
- 太字
- 斜体
- 下線

文字を太字や斜体にしたり、下線を付けたりすると、特定の文字を目立たせることができます。**文字に太字や斜体、下線を設定**するには、[ホーム] タブの [フォント] グループの各コマンドを利用します。

練習▶39_新店舗オープンセール

## 1 文字を太字にする

### 💡 ヒント
**文字に太字を設定する**

文字を太字にするには、対象のセルを選択して、[ホーム] タブの [太字] をクリックします。太字を解除するには、[太字] を再度クリックします。

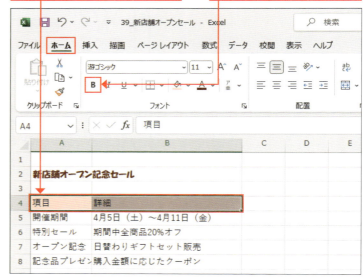

1. 文字を太字にするセル範囲を選択します。
2. [ホーム] タブの [太字] をクリックすると、
3. 文字が太字に設定されます。

### ⌨ ショートカットキー
**太字の設定／解除**

Ctrl + B

## ② 文字を斜体にする

### 💡 ヒント
**文字に斜体を設定する**

文字を斜体にするには、対象のセルを選択して、[ホーム]タブの[斜体]をクリックします。斜体を解除するには、[斜体]を再度クリックします。

### ⌨ ショートカットキー
**斜体の設定／解除**

Ctrl + I

### ✏ 補足
**[セルの書式設定]を利用する**

文字を太字や斜体にしたり、下線を付けたりするには、[ホーム]タブのコマンドを利用するほかに、[セルの書式設定]ダイアログボックスの[フォント]で設定することもできます（137ページ参照）。

---

**1** 文字を斜体にするセル範囲を選択します。

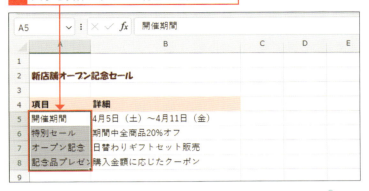

**2** [ホーム]タブの[斜体]をクリックすると、

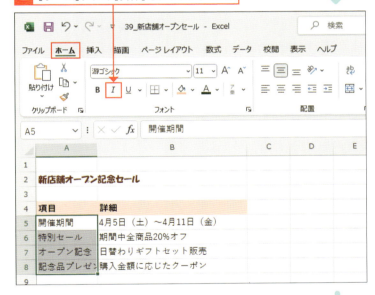

**3** 文字が斜体に設定されます。

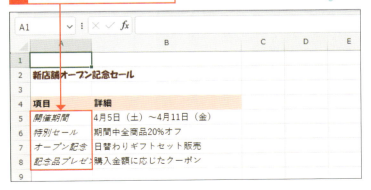

## ③ 文字に下線を付ける

 **ヒント**

**文字に下線を設定する**

文字に下線を付けるには、対象の文字やセルを選択して、[ホーム]タブの[下線]をクリックします。下線を解除するには、[下線]を再度クリックします。

 **ショートカットキー**

**下線の設定／解除**

Ctrl + U

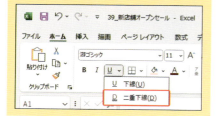 **補足**

**二重下線を付ける**

[下線]の▼をクリックすると表示されるメニューを利用すると、二重下線を引くことができます。

**1** 下線を付ける文字をドラッグして選択します。

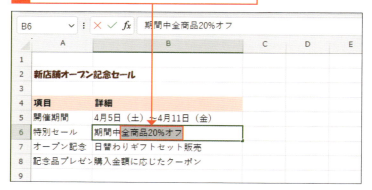

**2** [ホーム]タブの[下線]をクリックすると、

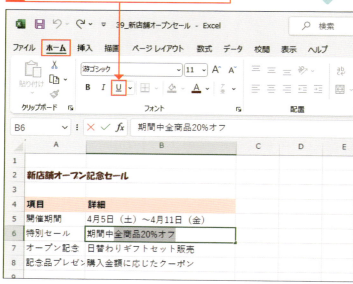

**3** 選択した文字に下線が設定されます。

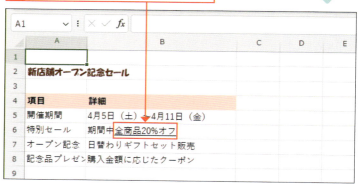

 **補足　文字飾りを付ける**

［セルの書式設定］ダイアログボックスの［フォント］を利用すると、取り消し線や上付き、下付きなど、リボンにないコマンドを利用することができます。

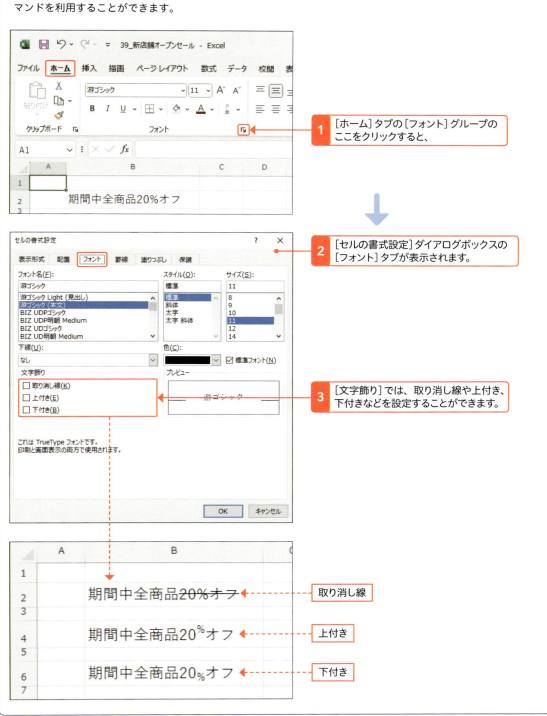

# Section 40 文字の配置を変更しよう

**ここで学ぶこと**
- 中央揃え
- 折り返して全体を表示
- 縮小して全体を表示

文字を入力した直後は、数値は右揃えに、文字は左揃えに配置されます。この**配置は任意に変更**できます。文字がセル内に収まらない場合は、**文字を折り返して表示**したり、**セル幅に合わせて縮小**したりすることができます。

練習▶40_新店舗オープンセール_1、新店舗オープンセール_2

## ① 文字をセルの中央に揃える

### 解説
**文字の左右の配置**

[ホーム]タブの[配置]グループで以下のコマンドを利用すると、セル内の文字を左揃えや中央揃え、右揃えに設定できます。

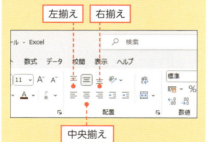

1 文字配置を変更するセル範囲を選択します。

2 [ホーム]タブの[中央揃え]をクリックすると、

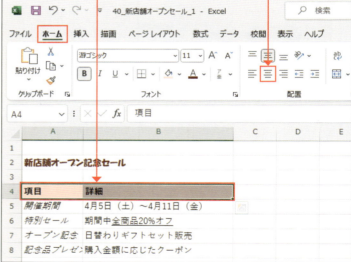

3 文字がセルの中央に配置されます。

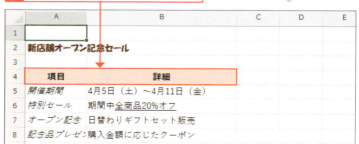

## ❷ セルに合わせて文字を折り返す

### 🗨 解説

**文字を折り返す**

[ホーム]タブの[折り返して全体を表示する]をクリックすると、セルに合わせて文字が自動的に折り返されて表示されます。文字の折り返し位置は、セル幅に応じて自動的に調整されます。折り返した文字をもとに戻すには、[折り返して全体を表示する]を再度クリックします。

**1** セル内に文字が収まっていないセルをクリックします。

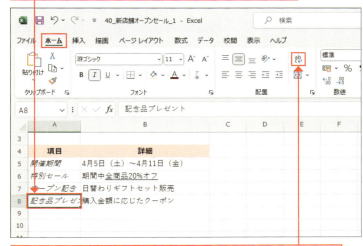

**2** [ホーム]タブの[折り返して全体を表示する]をクリックすると、

**3** セル内で文字が折り返され、文字全体が表示されます。

**4** 行の高さは、自動的に調整されます。

---

### 💡 ヒント　指定した位置で文字を折り返す

指定した位置で文字を折り返したい場合は、改行を入力します。セル内をダブルクリックして、折り返したい位置にカーソルを移動し、[Alt]＋[Enter]を押します。すると、指定した位置で改行されます。

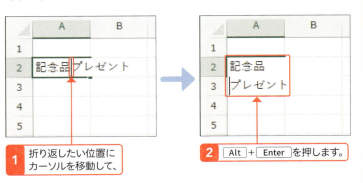

**1** 折り返したい位置にカーソルを移動して、

**2** [Alt]＋[Enter]を押します。

## ③ 文字を縮小して全体を表示する

### 解説

**縮小して全体を表示する**

右の手順で操作すると、セル内に収まらない文字がセルの幅に合わせて自動的に縮小して表示されます。セルの幅を変えずに文字全体を表示したいときに便利な機能です。セル幅を広げると、文字の大きさはもとに戻ります。

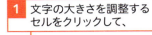
1 文字の大きさを調整するセルをクリックして、

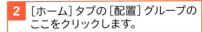
2 [ホーム]タブの[配置]グループのここをクリックします。

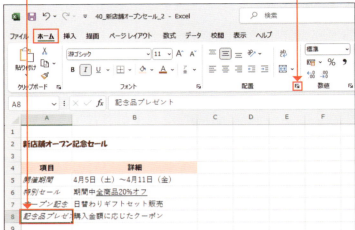

3 [セルの書式設定]ダイアログボックスの[配置]タブが表示されるので、[縮小して全体を表示する]をクリックしてオンにし、

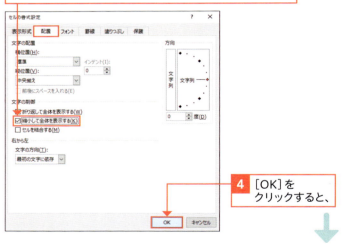

4 [OK]をクリックすると、

5 セルの幅に合わせて、文字のサイズが自動的に縮小されます。

### ショートカットキー

**[セルの書式設定]ダイアログボックスの表示**

 ([1]はテンキー以外)

## ❹ 文字を縦書きで表示する

### 💬 解説
**文字の方向**

右の手順では文字を縦書きに設定しましたが、[左回りに回転]や[右回りに回転]をクリックすると、それぞれの方向に45度回転させることができます。また、[左へ90度回転]や[右へ90度回転]をクリックすると、それぞれの方向に90度回転させることができます。

**1** 文字を縦書きにするセル範囲を選択します。

**2** [ホーム]タブの[方向]をクリックして、

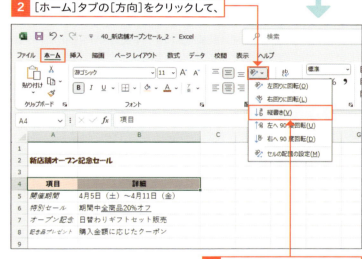

**3** [縦書き]をクリックすると、

**4** 文字が縦書き表示になります。

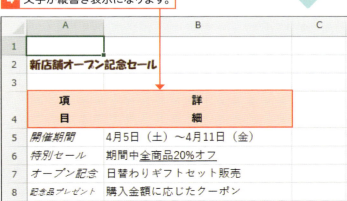

### 💡 ヒント
**縦書き表示をもとに戻すには？**

縦書きにした文字をもとに戻すには、[ホーム]タブの[方向]をクリックして、[縦書き]を再度クリックします。

141

# Section 41 セルの表示形式を変更しよう

**ここで学ぶこと**
・表示形式
・桁区切りスタイル
・パーセントスタイル

セルの表示形式は、セルに入力したデータを目的に合った形式で表示するための機能です。表示形式を**桁区切りスタイル**や**パーセントスタイル**などに設定して、見やすい表を作成することができます。

練習▶41_商品分類別売上

## 1 セルの表示形式とは？

Excelでは、セルに対して「表示形式」を設定することで、セルに入力したデータをさまざまな見た目で表示させることができます。表示形式には、下図のようなものがあります。独自の表示形式を設定することもできます。

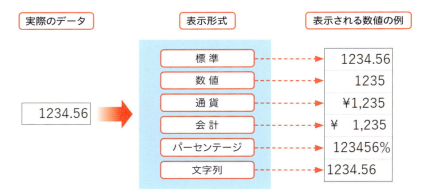

### ●表示形式の設定方法

セルの表示形式を設定するには、[ホーム]タブの[数値]グループやミニツールバーのコマンド、[セルの書式設定]ダイアログボックスの[表示形式]タブを利用します。

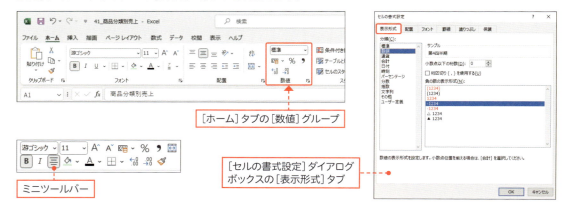

## ② 数値を桁区切りスタイルに変更する

 **解説**

**桁区切りスタイルに変更する**

数値を桁区切りスタイルに変更すると、3桁ごとに「,」(カンマ)で区切られて表示されます。小数点以下の数値がある場合は、四捨五入されて表示されます。

 **ショートカットキー**

**[桁区切りスタイル]の設定**

Ctrl + Shift + 1
(1 はテンキー以外)

 **ヒント**

**表示形式をもとに戻すには?**

設定した表示形式をもとに戻すには、[ホーム]タブの[数値の書式]の ▼ をクリックして、[標準]をクリックします。

1 表示形式を変更するセル範囲を選択します。

2 [ホーム]タブの[桁区切りスタイル]をクリックすると、

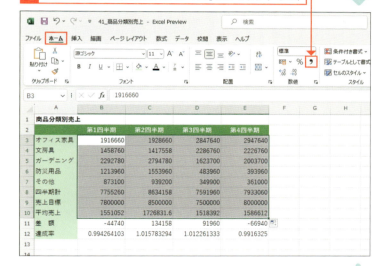

3 数値が3桁ごとに「,」で区切られて表示されます。

小数点以下の数値は、四捨五入されて表示されます。

## ③ 数値をパーセントスタイルに変更する

### 💬 解説

**パーセントスタイルに変更する**

数値をパーセントスタイルに変更すると、小数点以下の桁数が「0」（ゼロ）のパーセント表示になります。

**1** 表示形式を変更するセル範囲を選択します。

**2** ［ホーム］タブの［パーセントスタイル］をクリックすると、

**3** 選択したセル範囲がパーセント表示に変更されます。

### ⌨ ショートカットキー

**［パーセントスタイル］の設定**

Ctrl + Shift + 5
（5はテンキー以外）

## ④ 小数点以下の表示桁数を変更する

### 解説

**小数点以下の表示桁数を変更する**

［ホーム］タブの［小数点以下の表示桁数を増やす］をクリックすると、小数点以下の桁数が1つ増え、［小数点以下の表示桁数を減らす］をクリックすると、小数点以下の桁数が1つ減ります。この場合、セルの表示上は四捨五入されていますが、実際のデータは変更されません。

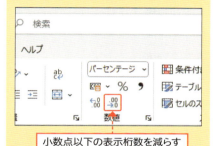

小数点以下の表示桁数を減らす

**1** 表示桁数を変更するセル範囲を選択します。

| | A | B | C | D | E |
|---|---|---|---|---|---|
| 2 | | 第1四半期 | 第2四半期 | 第3四半期 | 第4四半期 |
| 3 | オフィス家具 | 1,916,660 | 1,928,660 | 2,847,640 | 2,947,640 |
| 4 | 文房具 | 1,458,760 | 1,417,558 | 2,286,760 | 2,226,760 |
| 5 | ガーデニング | 2,292,780 | 2,794,780 | 1,623,700 | 2,003,700 |
| 6 | 防災用品 | 1,213,960 | 1,553,960 | 483,960 | 393,960 |
| 7 | その他 | 873,100 | 939,200 | 349,900 | 361,000 |
| 8 | 四半期計 | 7,755,260 | 8,634,158 | 7,591,960 | 7,933,060 |
| 9 | 売上目標 | 7,800,000 | 8,500,000 | 7,500,000 | 8,000,000 |
| 10 | 平均売上 | 1,551,052 | 1,726,832 | 1,518,392 | 1,586,612 |
| 11 | 差　額 | -44740 | 134158 | 91960 | -66940 |
| 12 | 達成率 | 99% | 102% | 101% | 99% |

**2** ［ホーム］タブの［小数点以下の表示桁数を増やす］をクリックすると、

**3** 小数点以下の表示桁数が1つ増えます。

| | A | B | C | D | E |
|---|---|---|---|---|---|
| 2 | | 第1四半期 | 第2四半期 | 第3四半期 | 第4四半期 |
| 3 | オフィス家具 | 1,916,660 | 1,928,660 | 2,847,640 | 2,947,640 |
| 4 | 文房具 | 1,458,760 | 1,417,558 | 2,286,760 | 2,226,760 |
| 5 | ガーデニング | 2,292,780 | 2,794,780 | 1,623,700 | 2,003,700 |
| 6 | 防災用品 | 1,213,960 | 1,553,960 | 483,960 | 393,960 |
| 7 | その他 | 873,100 | 939,200 | 349,900 | 361,000 |
| 8 | 四半期計 | 7,755,260 | 8,634,158 | 7,591,960 | 7,933,060 |
| 9 | 売上目標 | 7,800,000 | 8,500,000 | 7,500,000 | 8,000,000 |
| 10 | 平均売上 | 1,551,052 | 1,726,832 | 1,518,392 | 1,586,612 |
| 11 | 差　額 | -44740 | 134158 | 91960 | -66940 |
| 12 | 達成率 | 99.4% | 101.6% | 101.2% | 99.2% |

## ⑤ マイナスの数値を赤色で表示する

### 解説

**負の数の表示形式**

負の数の表示形式を設定するには、[セルの書式設定]ダイアログボックスの[表示形式]の[数値]で設定します。負の数の表示形式には、赤色で表示する、先頭に△記号を付けるなど、いくつかの種類があります。

```
負の数の表示形式(N):
(1,234)
(1,234)
1,234
-1,234
-1,234
△ 1,234
▲ 1,234
```

**1** 表示形式を変更するセル範囲を選択して、

**2** [ホーム]タブの[数値]グループのここをクリックします。

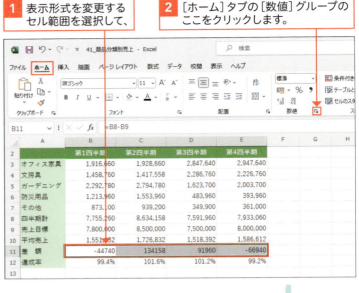

**3** [数値]をクリックして、

**4** [桁区切り (,) を使用する]をクリックしてオンにし、

**5** 目的の表示形式をクリックします。

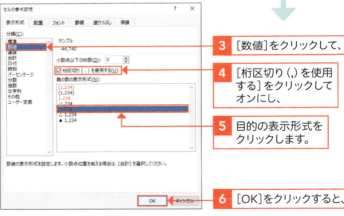

**6** [OK]をクリックすると、

**7** マイナスの数値が赤色で表示されます。

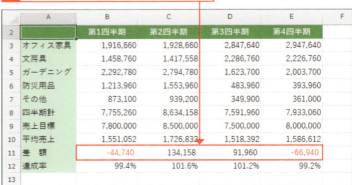

## ❻ 数値を千円単位で表示する

 解説

**千円や百万円単位で表示する**

数値の桁数が大きいときは、千円や百万円単位で表示すると見やすくなります。手順❹で「#,##0,」と入力すると千円単位で、「#,##0,,」と入力すると百万円単位で表示できます。「0」のあとに付けた「,」は、千の位で区切るカンマを意味します。

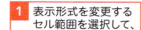

1. 表示形式を変更するセル範囲を選択して、
2. [ホーム]タブの[数値]グループのここをクリックします。

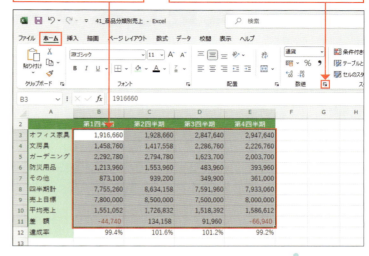

3. [ユーザー定義]をクリックして、
4. [種類]に「#,##0,」と入力します。
5. [OK]をクリックすると、

 ヒント

**表示形式の指定例**

「#」と「0」は、表示形式を指定する際に使う記号で、どちらも1文字の数字を意味しています。以下に表示形式の指定例を示します。

入力した数値　1230.050

| 指定した表示形式 | 表示された数値 |
|---|---|
| 0 | 1230 |
| 0.00 | 1230.05 |
| 0.000 | 1230.050 |
| #,##0 | 1,230 |
| #,##0.00 | 1,230.05 |

6. 数値が千円単位で表示されます。データは千円単位で四捨五入されます。

# Section 42 日付の表示形式を変更しよう

### ここで学ぶこと
・日付の表示形式
・シリアル値
・和暦

「年、月、日」を表す数値を「/」や「-」で区切って入力すると、「2025/1/1」のように自動的に日付スタイルが設定されます。**日付の表示形式**を変更すると、「2025年1月1日」や「令和7年1月1日」のように表示することができます。

練習▶42_第4四半期東京店舗別売上

## 1 日付の表示形式を変更する

### 解説

**日付の表示形式**

年を省略して「4/7」のように入力すると、今年の日付が「4月7日」のように入力されます。「2025年4月7日」のように「年」を表示させたい場合は、右の手順で[長い日付形式]を指定します。

1 日付が入力されたセルをクリックします。

2 [ホーム]タブの[数値の書式]のここをクリックして、

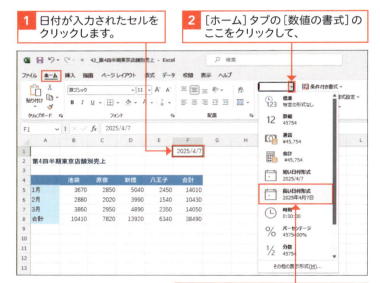

3 [長い日付形式]をクリックすると、

4 日付の表示形式が変更されます。

## ② 日付を和暦で表示する

### 解説

**日付の表示形式の変更**

日付の表示形式は、[セルの書式設定]ダイアログボックスの[日付]で変更することもできます。[カレンダーの種類]で[和暦]を指定すると、和暦で表示されます。手順4 の[種類]で[H24.3.14]を指定すると、「R7.4.7」と表示されます。

### ヒント

**日付のデータ**

Excelでは、日付のデータは「シリアル値」という数値で扱われます。シリアル値は、1900/1/1の日付が「1」、1900/1/2が「2」のように、1日経過すると数値が1つずつ増えます。日付スタイルで表示されているセルを標準スタイルに変更すると（143ページの「ヒント」参照）、シリアル値が表示されます。たとえば「2025/1/1」の場合は、シリアル値の「45658」が表示されます。表示形式を日付スタイルに戻すと、正しい日付が表示されます。

| | A | B | C |
|---|---|---|---|
| 1 | | | |
| 2 | 日付データ | シリアル値 | |
| 3 | 1900/1/1 | 1 | |
| 4 | 1900/1/2 | 2 | |
| 5 | 2025/1/1 | 45658 | |

1 日付が入力されたセルをクリックして、

2 [ホーム]タブの[数値]グループのここをクリックします。

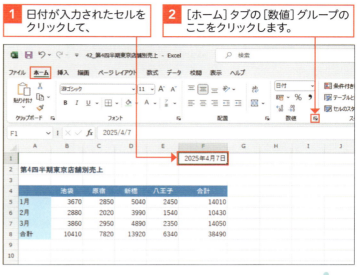

3 [日付]をクリックして、

4 [カレンダーの種類]で[和暦]を選択し、[種類]で表示形式を選択します。

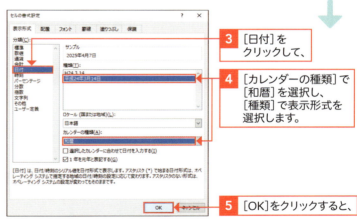

5 [OK]をクリックすると、

6 日付が和暦で表示されます。

# Section 43 セルを結合しよう

**ここで学ぶこと**
- セルの結合
- セルを結合して中央揃え
- セル結合の解除

**隣り合う複数のセル**は、**結合して1つのセルとして扱う**ことができます。結合したセル内の文字は、通常のセルと同じように任意に配置できます。複数のセルにまたがる見出しなどに利用すると、表の体裁を整えることができます。

練習 ▶ 43_商品売上明細書

## 1 セルを結合して文字を中央に揃える

### 解説

**セルを結合する**

[ホーム]タブの[セルを結合して中央揃え]をクリックすると、セルが結合され、入力されていた文字が中央に配置されます。

1 セル[A2]から[F2]までを選択します。

2 [ホーム]タブの[セルを結合して中央揃え]をクリックすると、

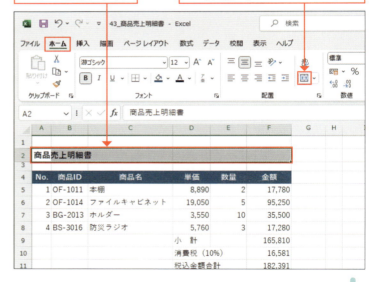

3 セルが結合され、文字の配置が自動的に中央揃えになります。

**結合するセルにデータがある場合は？**

結合する複数のセルにデータが入力されている場合は、左上端のセルのデータのみが保持されます。ただし、空白のセルは無視されます。

## ② セルを横方向に結合する

### 💬 解説

**セルを横方向に結合する**

結合したいセルを選択して、[ホーム]タブの[セルを結合して中央揃え]から[横方向に結合]をクリックすると、同じ行のセルどうしを一気に横方向に結合することができます。

**1** セル[D9]から[E11]までを選択します。

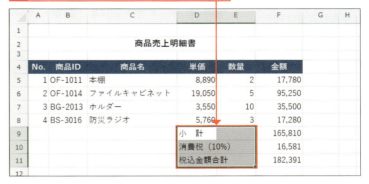

**2** [ホーム]タブの[セルを結合して中央揃え]のここをクリックして、

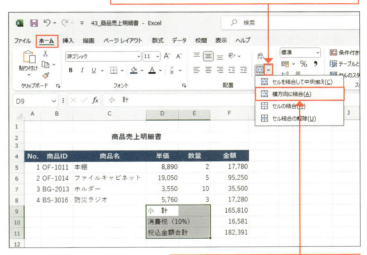

**3** [横方向に結合]をクリックすると、

**4** セルが横方向に結合されます。

### 💡 ヒント

**セルの結合を解除するには？**

セルの結合を解除するには、結合されたセルを選択して、[セルを結合して中央揃え]をクリックします。

# Section 44 セルに罫線を引こう

**ここで学ぶこと**
・罫線
・格子
・その他の罫線

シートに必要なデータを入力したら、表を見やすくするために罫線を引きます。[ホーム]タブの[罫線]のメニューを利用すると、選択したセル範囲に目的の罫線を引くことができます。

練習▶44_第4四半期東京店舗別売上、44_第4四半期神奈川店舗別売上

## ① 表全体に罫線を引く

### 解説
**表全体に罫線を引く**

表全体に罫線を引くには、セル範囲を選択して、[ホーム]タブの[罫線]から[格子]をクリックします。

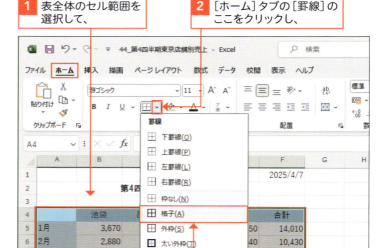

1. 表全体のセル範囲を選択して、
2. [ホーム]タブの[罫線]のここをクリックし、
3. 罫線の種類（ここでは[格子]）をクリックすると、
4. 選択したセル範囲に格子の罫線が引かれます。

### ヒント
**直前の罫線の種類が適用される**

[罫線]のメニューから種類を選んで罫線を引くと、これ以降、ここで選択した種類の罫線が引かれます。ほかの罫線を引きたい場合は、[罫線]のメニューから罫線の種類を指定し直します。

## ② 一部のセルに罫線を引く

### 解説

**一部のセルに罫線を引く**

一部のセルだけに罫線を引くには、罫線を引きたいセル範囲を選択して、罫線の種類をクリックします。手順 2 で表示される[罫線]のメニューには、13パターンの罫線の種類が用意されています。

**1** 罫線を引くセル範囲を選択して、

**2** [ホーム]タブの[罫線]のここをクリックし、

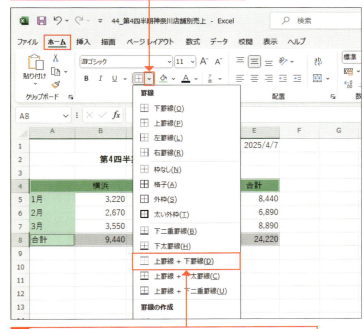

**3** 罫線の種類（ここでは[上罫線＋下罫線]）をクリックすると、

**4** 選択したセル範囲の上下に罫線が引かれます。

### ヒント

**罫線を削除するには？**

罫線を削除するには、罫線を削除したいセル範囲を選択して[罫線]メニューを表示し、[枠なし]をクリックします。

## ③ 罫線の種類を変更する

### 💬 解説

**［セルの書式設定］ダイアログボックスの［罫線］**

［セルの書式設定］ダイアログボックスの［罫線］では、罫線の種類や色など、罫線の引き方を詳細に指定することができます。種類や色を指定したら、［プリセット］や［罫線］欄にあるアイコンをクリックして、罫線を引く位置を指定します。

**1** 罫線の種類を変更したいセル範囲を選択します。

**2** ［ホーム］タブの［罫線］のここをクリックして、

**3** ［その他の罫線］をクリックします。

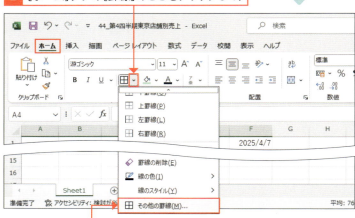

**4** ［スタイル］で、罫線の種類をクリックします。

### 💡 ヒント

**罫線の色を変更する**

［セルの書式設定］ダイアログボックスで罫線の色を変更するには、［色］をクリックして目的の色を選択し、罫線を引く位置を指定します。

## [セルの書式設定]ダイアログボックスで罫線を削除する

[セルの書式設定]ダイアログボックスでは、罫線の位置を細かく指定して削除することができます。すべての罫線を削除するには、[プリセット]の[なし]をクリックします。

[なし]をクリックすると、すべての罫線が削除されます。

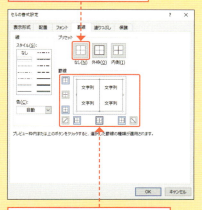

プレビュー枠内や周囲のアイコンの目的の箇所をクリックすると、罫線が個別に削除されます。

5 [プリセット]の[内側]をクリックして、

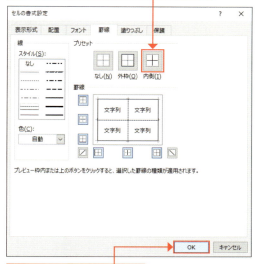

6 [OK]をクリックすると、

7 内側の罫線の種類が変更されます。

### 応用技　アクセシビリティチェックを利用する

Excelには、年齢や障害の有無に関係なく、誰にでも読みやすく見やすい文書になっているかをチェックする「アクセシビリティチェック」機能が用意されています。アクセシビリティチェックを利用すれば、文書のどこに問題があるかを確認することができます。
[校閲]タブの[アクセシビリティチェック]をクリックすると、画面右側に作業ウィンドウが表示され、修正が必要な箇所が一覧で表示されます。指摘された箇所をクリックすると、修正箇所に自動的に移動して修正することができます。

## ④ ドラッグして罫線を引く

### 解説

**ドラッグして罫線を引く**

[罫線]のメニューから[罫線の作成]をクリックすると、シート上をドラッグして罫線を引くことができます。[線の色]や[線のスタイル]から、罫線の種類を選択することができます。

**1** [ホーム]タブの[罫線]のここをクリックして、

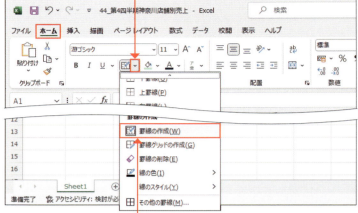

**2** [罫線の作成]をクリックします。

**3** ここをクリックして、　**4** [線の色]にマウスポインターを合わせ、

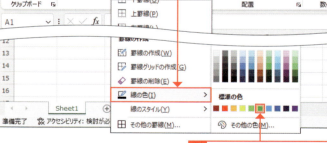

**5** 目的の色をクリックします。

**6** 罫線を引きたい位置でドラッグすると、罫線が引かれます。

**7** 罫線を引き終わったら[Esc]を押して、マウスポインターをもとの形に戻します。

### ヒント

**データを入力できる状態に戻すには？**

ドラッグして罫線を引ける状態になっていると、マウスポインターの形が変わり、セルにデータを入力することができません。データを入力できる状態に戻すには、[Esc]を押します。

## ⑤ 罫線の一部を削除する

### 解説

**罫線の一部を削除する**

罫線の一部を削除するには、[罫線]のメニューから[罫線の削除]をクリックし、罫線を削除したい箇所をドラッグ、またはクリックします。

**1** [ホーム]タブの[罫線]のここをクリックして、

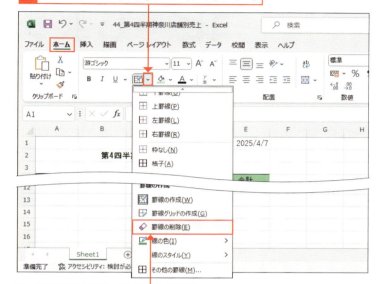

**2** [罫線の削除]をクリックします。

**3** マウスポインターが消しゴムの形に変わった状態で、削除したい個所の罫線をドラッグすると、

**4** ドラッグした箇所の罫線が削除されます。

**5** Esc を押して、マウスポインターをもとの形に戻します。

### ヒント

**セルに斜線を引く**

[罫線]のメニューから[罫線の作成]をクリックして、セルの角から角まで斜めにドラッグすると、斜線を引くことができます。

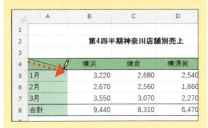

# Section 45 セルの書式をコピーしよう

### ここで学ぶこと
- 書式のコピー
- 書式の貼り付け
- 書式の連続貼り付け

セルに設定した罫線や色、配置などの書式を、別のセルに繰り返し設定するのは面倒です。このようなときは、もとになるセルの**書式をコピーして貼り付ける**ことで、同じ形式の表をかんたんに作成することができます。

練習▶45_ギフト商品売上実績

## 1 書式をコピーする

### 解説
**書式をコピーする**

書式のコピー機能を利用すると、書式だけをコピーして別のセルに貼り付けることができます。特定の書式をほかの場所にも設定したいときに利用します。ここでは、セルに設定している背景色と文字色、文字配置をコピーしています。

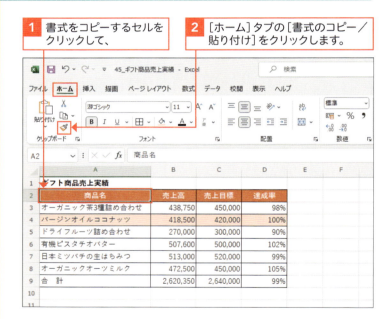

### ヒント
**コピーできる書式**

［書式のコピー／貼り付け］では、次の書式がコピーできます。

① 表示形式
② 文字の配置、折り返し、セルの結合
③ フォント
④ 罫線の設定
⑤ 文字の色やセルの背景色
⑥ 文字サイズ、スタイル、文字飾り

## ② 書式を連続してコピーする

### 解説

**書式を連続して貼り付ける**

書式を連続して貼り付けるには、[書式のコピー/貼り付け]をダブルクリックし、右の手順で操作します。

1 書式をコピーするセル範囲を選択して、

2 [ホーム]タブの[書式のコピー/貼り付け]をダブルクリックします。

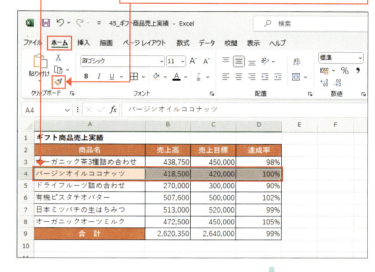

3 貼り付ける位置でクリックすると、

4 書式だけが貼り付けられます。

5 マウスポインターの形が  のままなので、続けて書式を貼り付けることができます。

### ヒント

**書式の連続貼り付けを中止するには？**

書式の連続貼り付けを中止して、マウスポインターをもとに戻すには、[Esc]を押すか、[書式のコピー/貼り付け]を再度クリックします。

# Section 46 貼り付けのオプションを使いこなそう

**ここで学ぶこと**
・コピー
・貼り付け
・貼り付けのオプション

計算結果の値だけをコピーしたい、貼り付け先の書式に合わせて貼り付けたい、といったことはよくあります。このような場合は、[貼り付け]のオプションを利用します。

練習▶46_神奈川店舗別売上

## 1 貼り付けのオプションとは？

一般的な[コピー]→[貼り付け]を実行すると、その結果の右下に[貼り付けのオプション]が表示されます。この[貼り付けのオプション]をクリックすると表示されるメニューを利用すると、貼り付けたあとの結果を修正することができます。貼り付けのオプションは、[ホーム]タブの[貼り付け]の下部をクリックしても表示されます。

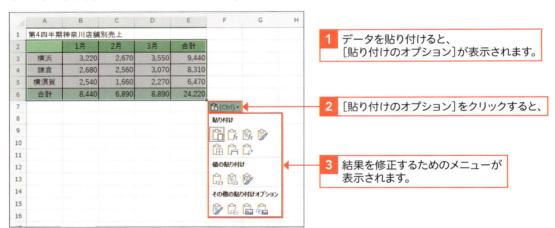

1 データを貼り付けると、[貼り付けのオプション]が表示されます。
2 [貼り付けのオプション]をクリックすると、
3 結果を修正するためのメニューが表示されます。

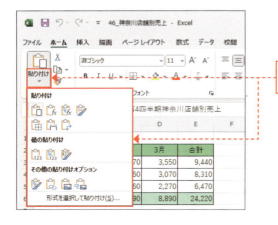

[貼り付け]のここをクリックしても、貼り付けのオプションが表示されます。

## ② 計算結果の値のみを貼り付ける

### 解説

**値のみを貼り付ける**

セル参照を利用している数式の計算結果をコピーし、別のシートに貼り付けると、正しい結果が表示されません。これは、セル参照が貼り付け先のシートのセルに変更されて、正しい計算が行えないためです。このような場合は、値だけを貼り付けると計算結果だけを利用できます。このとき、コピーもとに設定されていた書式は取り除かれます。

**1** 数式の入ったセル範囲を選択して、

**2** [ホーム]タブの[コピー]をクリックします。

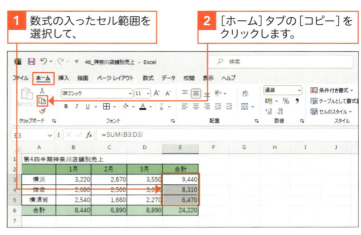

**3** 別シートの貼り付け先のセル[C3]をクリックして、[ホーム]タブの[貼り付け]をクリックします。

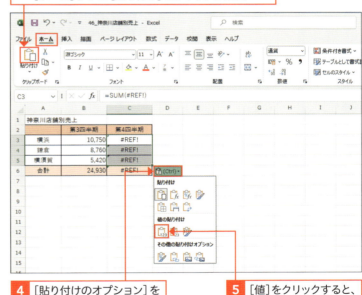

**4** [貼り付けのオプション]をクリックして、

**5** [値]をクリックすると、

**6** 計算結果の値だけが貼り付けられます。

### ショートカットキー

**値のみの貼り付け**

- コピー
  Ctrl + C
- 形式を選択して貼り付け
  Ctrl + Alt + V
- 値のみの貼り付け
  Ctrl + Shift + V

161

## ③ 貼り付け先の書式に合わせる

### 解説

**貼り付け先の書式に合わせる**

貼り付け先の書式に合わせて貼り付けたい場合は、[貼り付けのオプション]をクリックして、[数式と数値の書式]をクリックします。[値と数値の書式]  をクリックしても同様の結果が得られます。

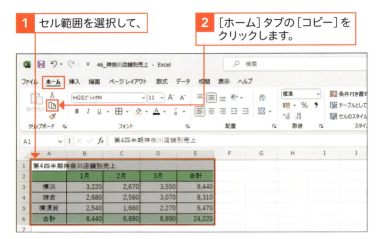

1 セル範囲を選択して、
2 [ホーム]タブの[コピー]をクリックします。

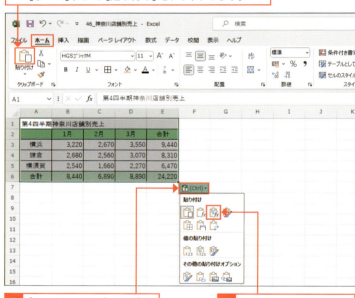

3 別シートの貼り付け先のセル[A1]をクリックして、[ホーム]タブの[貼り付け]をクリックします。

4 [貼り付けのオプション]をクリックして、
5 [数式と数値の書式]をクリックすると、
6 貼り付け先の書式に合わせて表が貼り付けられます。

###  ヒント

**もとの列幅を保持して貼り付ける**

コピーもとと貼り付け先の列幅が異なる場合、単なる貼り付けでは列幅を調整する必要があります。[貼り付けのオプション]メニューの[元の列幅を保持]  を利用すると、列幅を保持して貼り付けることができます。

# 第 6 章

# グラフを作成しよう

Section 47 グラフを作成しよう
Section 48 グラフを修正しよう
Section 49 グラフの要素を追加しよう
Section 50 目盛と単位を変更しよう
Section 51 円グラフを作成しよう
Section 52 折れ線グラフを作成しよう

## この章で学ぶこと

# グラフの基本を知ろう

### ▶ グラフと表の関係

グラフは、表の項目や数値をもとにして作成します。表とグラフの関係は、以下のとおりです。表の数値が変更されると、グラフにも変更が反映されます。

6 グラフを作成しよう

## ▶ グラフの構成要素を知ろう

グラフを構成するそれぞれの要素のことを、「グラフ要素」といいます。それぞれのグラフ要素は、グラフのもとになった表の内容と関連しています。

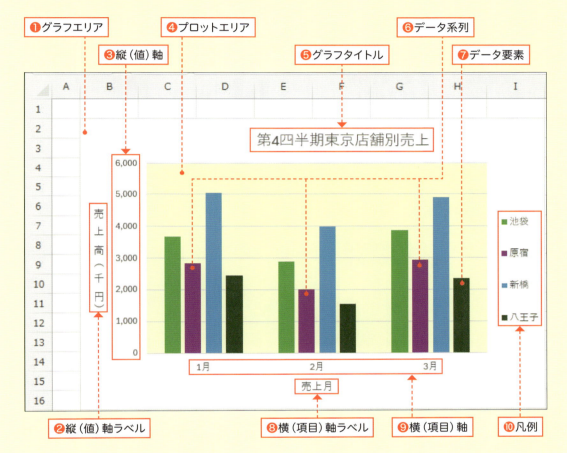

| 名　称 | 概　要 |
|---|---|
| ❶グラフエリア | すべてのグラフ要素を含むエリアです。単にグラフという場合は、グラフエリアのことを指します。 |
| ❷縦(値)軸ラベル | 縦(値)軸の内容を示すラベルです。 |
| ❸縦(値)軸 | データの値を示す軸です。 |
| ❹プロットエリア | グラフやデータの値などのデータラベルが表示される領域です。 |
| ❺グラフタイトル | グラフの内容を表すタイトルです。 |
| ❻データ系列 | もとになった表の同じ行または同じ列にあるデータの集まりです。 |
| ❼データ要素 | データ系列を構成する個々の要素です。「データマーカー」と呼ぶこともあります。 |
| ❽横(項目)軸ラベル | 横(項目)軸の内容を示すラベルです。 |
| ❾横(項目)軸 | データの項目を示す軸です。 |
| ❿凡例 | データ系列の内容を示す領域です。 |

## ▶ 主なグラフの種類と用途

Excelには、大きく分けて17種類のグラフがあります。目的にあったグラフを作成するには、それぞれのグラフの特徴を理解しておくことが重要です。

### ●棒グラフ

「棒グラフ」は、棒の長さで値の大小を比較するグラフです。項目間の比較や一定期間のデータの変化を示すのに適しています。棒を伸ばす方向によって、「縦棒グラフ」と「横棒グラフ」があります。

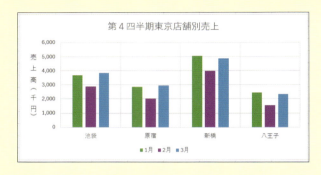

### ●折れ線グラフ

「折れ線グラフ」は、時間の経過に伴うデータの変化や推移を折れ曲がった線で表すグラフです。一般に時間の経過を横軸に、データの推移を縦軸に表します。

### ●複合グラフ

「複合グラフ」は、異なる種類のグラフを組み合わせたグラフです。折れ線と棒、棒と面などの組み合わせがよく使われます。量と比率のような単位が異なるデータや、比較と推移のような意味合いが異なる情報をまとめて表現したいときに利用します。

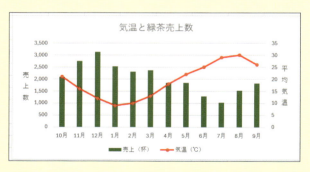

### ●円グラフ

「円グラフ」は、すべてのデータの総計を100（100%）として、円を構成する扇形の大きさでそれぞれのデータの割合を表すグラフです。表の1つの列または1つの行にあるデータだけを円グラフにします。

## ●散布図

「散布図」は、2つの項目の関連性を点の分布で表すグラフです。ばらつきのあるデータに対して、データの相関関係を確認するときに利用されます。近似曲線と呼ばれる線を引くことで、データの傾向を視覚的に把握することができます。

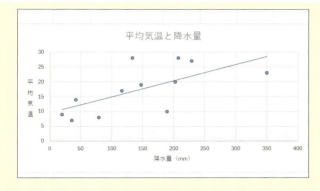

## ●レーダーチャート

「レーダーチャート」は、中心から放射状に伸ばした線の上にデータ系列を描くグラフです。中心点を基準にして相対的なバランスを見たり、ほかの系列と比較したりするときに利用します。

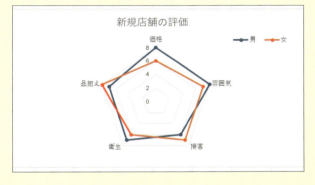

## ●ツリーマップ

「ツリーマップ」は、データの階層構造を示すグラフです。類似性によってカテゴリを分類し、同じカテゴリのデータの大きさを長方形の面積で表します。階層間の値を比較したり、階層内の割合を把握／比較したりするときに利用します。

## ●サンバースト

「サンバースト」は、データの階層構造をドーナツ状に表すグラフです。階層の各レベルを円で表し、内側の階層ほど上位になります。カテゴリと各データ間の階層レベルを比較するときに使用します。

# Section 47 グラフを作成しよう

## ここで学ぶこと
- おすすめグラフ
- すべてのグラフ
- タイトルの入力

［挿入］タブの［**おすすめグラフ**］を利用すると、表の内容に適したグラフをかんたんに作成することができます。また、［**グラフ**］**グループに用意されているコマンド**を利用してグラフを作成することもできます。

📁 練習▶47_第4四半期東京店舗別売上

## 1 グラフを作成する

### 解説

**おすすめグラフ**

「おすすめグラフ」を利用すると、利用しているデータに適したグラフをすばやく作成することができます。グラフにする範囲を選択して、［挿入］タブの［おすすめグラフ］をクリックすると、［グラフの挿入］ダイアログボックスの左側に［おすすめグラフ］が表示されます。グラフをクリックすると、右側にグラフがプレビューされるので、利用したいグラフを選択します。

**1** グラフのもとになるセル範囲を選択します。

**2** ［挿入］タブをクリックして、

**3** ［おすすめグラフ］をクリックします。

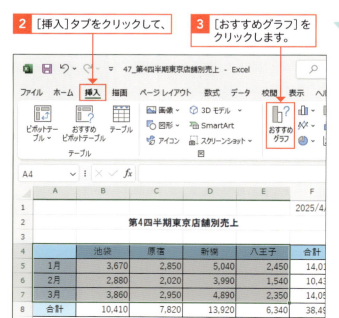

## 補足

### すべてのグラフ

[グラフの挿入]ダイアログボックスで[すべてのグラフ]をクリックすると、Excelで利用できるすべてのグラフの種類が表示されます。[おすすめグラフ]に目的のグラフがない場合は、[すべてのグラフ]から選択することができます。

## ヒント

### グラフの右上に表示されるコマンド

作成したグラフをクリックすると、グラフの右上に[グラフ要素]、[グラフスタイル]、[グラフフィルター]の3つのコマンドが表示されます。これらのコマンドを利用して、グラフ要素を追加したり(176ページ参照)、グラフのスタイルを変更したりすることができます。

## ヒント

### グラフを作成するそのほかの方法

グラフは、[挿入]タブの[グラフ]グループに用意されているコマンドを使っても作成することができます。グラフの種類に対応したコマンドをクリックし、目的のグラフを選択します。

---

**4** 作成したいグラフ(ここでは[集合縦棒])をクリックして、

左の「補足」参照

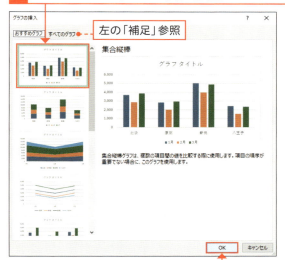

**5** [OK]をクリックすると、

**6** グラフが作成されます。

左の「ヒント」参照

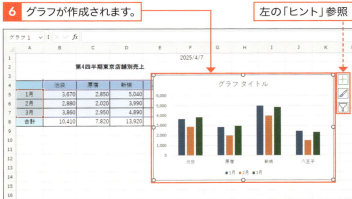

**7** 「グラフタイトル」と表示されている部分をクリックして、タイトルを入力します。

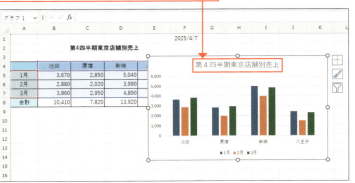

**8** タイトル以外の場所をクリックすると、タイトルが表示されます。

# Section 48 グラフを修正しよう

### ここで学ぶこと
- グラフの移動
- グラフの大きさの変更
- グラフの種類の変更

作成したグラフは、**任意の位置に移動**したり、**サイズを変更**したりして調整します。また、**グラフに表示するデータを変更**したり、**グラフの種類を変更**したりすることもできます。

練習▶48_第4四半期東京店舗別売上

## 1 グラフを移動する

### 解説

**グラフの選択**

グラフの移動や拡大／縮小など、グラフ全体の変更を行うには、最初にグラフを選択します。グラフエリア（165ページ参照）の何もないところをクリックすると、グラフが選択されます。

**1** グラフエリアの何もないところをクリックしてグラフを選択し、

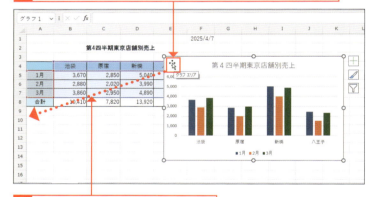

**2** 移動したい場所までドラッグすると、

**3** グラフが移動されます。

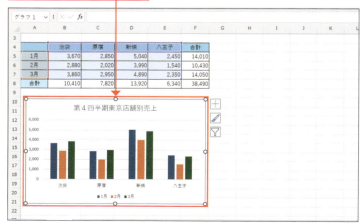

### 補足

**サンプルファイル**

サンプルの練習ファイルには、①、③、④の開始する時点のものがSheet1～Sheet3にあります。完成ファイルには、それぞれの手順を実行したあとのものがSheet1～Sheet3にあります。

## ② グラフの大きさを変更する

### 🔍 重要用語

**サイズ変更ハンドル**

「サイズ変更ハンドル」とは、グラフエリアを選択すると周りに表示される丸いマークのことです。マウスポインターをサイズ変更ハンドルに合わせてドラッグすると、グラフのサイズを変更することができます。

**1** サイズを変更したいグラフをクリックします。

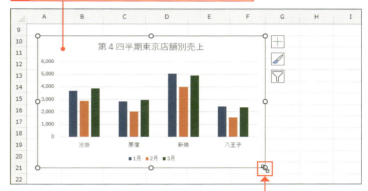

**2** サイズ変更ハンドルにマウスポインターを合わせて、

**3** 変更したい大きさになるまでドラッグすると、

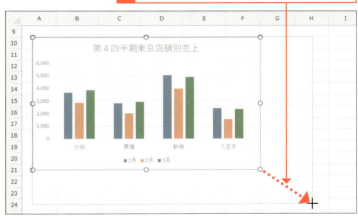

**4** グラフの大きさが変更されます。

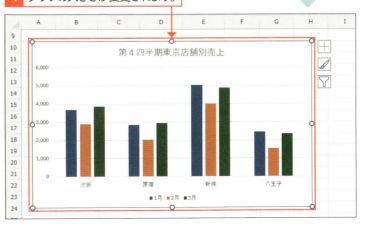

### 💡 ヒント

**縦横比を変えずに
拡大／縮小するには？**

グラフの縦横比を変えずに拡大／縮小するには、 Shift を押しながら、グラフの四隅のサイズ変更ハンドルをドラッグします。また、 Alt を押しながらグラフの移動やサイズ変更を行うと、グラフの位置やサイズをセルの境界線に揃えることができます。

## ③ グラフに表示するデータを変更する

### 💬 解説

**データ範囲を変更する**

グラフに表示するデータを変更するには、[データソースの選択]ダイアログボックスを利用します。[凡例項目（系列）]あるいは[横（項目）軸ラベル]の欄で非表示にする項目をクリックしてオフにすると、データの範囲が変更され、グラフに反映されます。

### ✏️ 補足

**グラフ要素を移動する**

グラフエリアにあるすべてのグラフ要素は、移動することができます。グラフ要素をクリックして選択し、外枠をドラッグします。

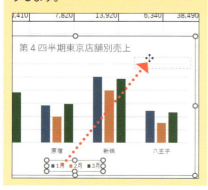

**1** グラフをクリックします。

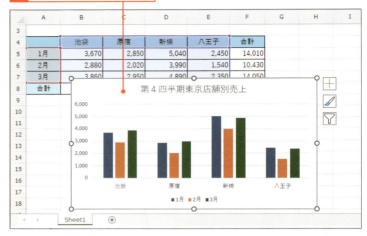

**2** [グラフのデザイン]タブをクリックして、

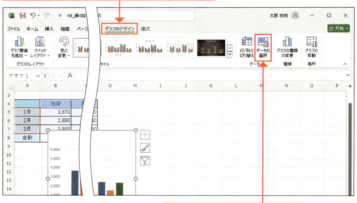

**3** [データの選択]をクリックすると、

**4** グラフのもとになっているデータの範囲が表示されます。

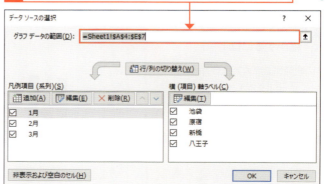

## 補足

### 行と列を切り替える

縦棒グラフの行と列の配置は、もとになる表の行と列の数に応じて自動的に決まります。これを、グラフを作成したあとで入れ替えることもできます。グラフをクリックして、[グラフのデザイン]タブの[行/列の切り替え]をクリックします。

**5** 非表示にする項目をクリックしてオフにし、

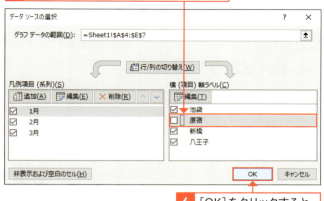

**6** [OK]をクリックすると、

**7** グラフに表示するデータが変更されます。

---

### ヒント データ範囲を変更するそのほかの方法

グラフをクリックすると、グラフに表示されているデータの範囲がカラーリファレンスで囲まれます。カラーリファレンスの四隅に表示されるハンドルをドラッグすると、データの範囲が変更され、グラフに変更が反映されます。

**1** カラーリファレンスのハンドルをドラッグすると、

**2** グラフに表示するデータも変更されます。

## ④ グラフの種類を変更する

### 解説

**グラフの種類を変更する**

グラフの種類は、グラフを作成したあとでも変更することができます。グラフの種類を変更すると、変更前のグラフに設定していた色やデザインはそのまま引き継がれます。

### ヒント

**ダイアログボックスを表示するそのほかの方法**

[グラフの種類の変更]ダイアログボックスは、右の手順のほかに、グラフエリアまたはプロットエリアを右クリックして、[グラフの種類の変更]をクリックしても表示できます。

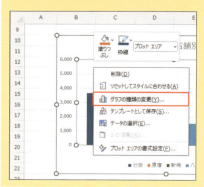

**1** グラフをクリックして、

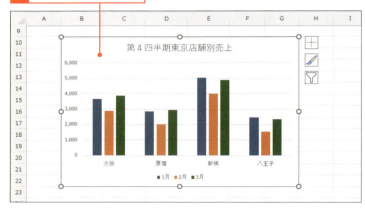

**2** [グラフのデザイン]タブをクリックし、

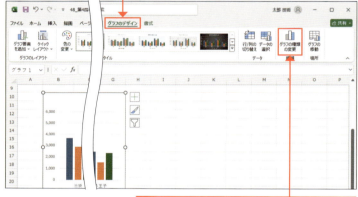

**3** [グラフの種類の変更]をクリックします。

**4** グラフの種類をクリックして、

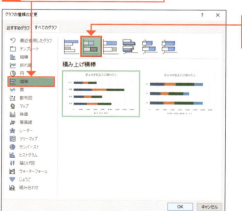

**5** 目的のグラフをクリックします。

### 解説

**グラフの種類とタイプを指定する**

[グラフの種類の変更]ダイアログボックスの[すべてのグラフ]には、Excelで利用できるすべてのグラフの種類が表示されます。ダイアログボックスの左側でグラフの種類を、右側でグラフのタイプを指定します。

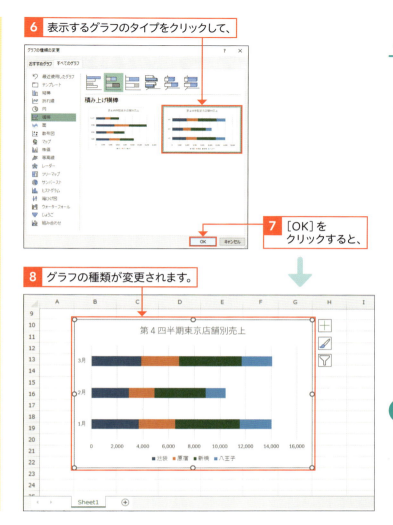

### 補足 グラフの色とデザイン

グラフの全体的なスタイルは、グラフをクリックして、[グラフのデザイン]タブの[グラフスタイル]で変更することができます。また、[色の変更]でグラフの色を変更することもできます（187ページ参照）。

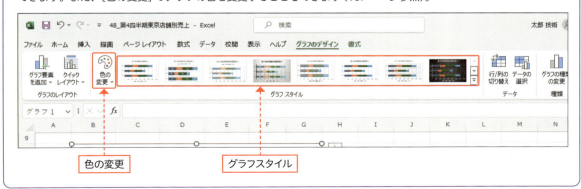

## Section 49 グラフの要素を追加しよう

**ここで学ぶこと**
・グラフ要素
・軸ラベル
・目盛線

作成した直後のグラフには、グラフタイトルと凡例だけが表示されています。これに、必要に応じて**グラフ要素を追加**することができます。ここでは、**軸ラベル**と**目盛線**を追加してみましょう。

練習▶49_第4四半期東京店舗別売上

### 1 軸ラベルを追加する

**解説**

**グラフ要素**

グラフをクリックすると、グラフの右上に3つのコマンドが表示されます。一番上の[グラフ要素]を利用すると、タイトルや凡例、軸ラベルや目盛線、データラベルなどの追加や削除、変更が行えます。

**重要用語**

**軸ラベル**

「軸ラベル」とは、グラフの横方向と縦方向の軸に付ける名前のことです。縦棒グラフの場合は、横方向(X軸)を「横(項目)軸」、縦方向(Y軸)を「縦(値)軸」と呼びます。

1 グラフをクリックして、

2 [グラフ要素]をクリックし、

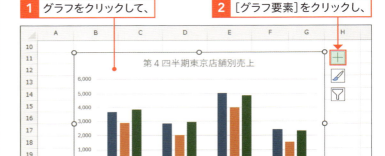

3 [軸ラベル]にマウスポインターを合わせます。

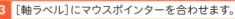

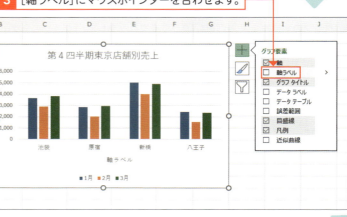

## ヒント

### 横軸ラベルを表示する

横軸ラベルを表示するには、手順5のメニューで[第1横軸]をクリックします。

## ヒント

### 軸ラベルを表示するそのほかの方法

軸ラベルは、[グラフのデザイン] タブの [グラフ要素を追加] から表示することもできます。[グラフ要素を追加] をクリックして、[軸ラベル] にマウスポインターを合わせ、[第1縦軸] をクリックします。

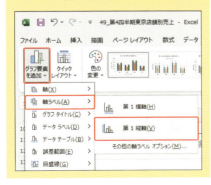

**4** ここをクリックして、

**5** [第1縦軸]をクリックすると、

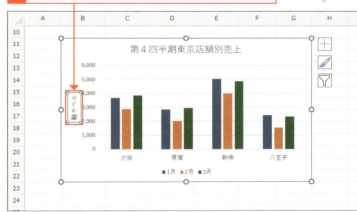

**6** グラフエリアの左側に「軸ラベル」と表示されます。

**7** クリックして、軸ラベルの名前を入力します。

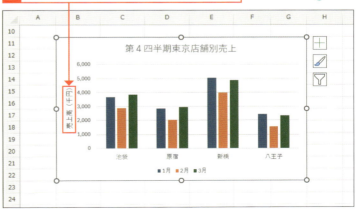

**8** 軸ラベル以外の場所をクリックすると、軸ラベルが表示されます。

## ❷ 軸ラベルの文字方向を変更する

> **ヒント**
> **文字方向を変更する
> そのほかの方法**
>
> 軸ラベルの文字方向は、右の手順のほかに［軸ラベルの書式設定］作業ウィンドウで変更することもできます。軸ラベルをクリックして、［書式］タブ→［選択対象の書式設定］→［文字のオプション］→［テキストボックス］の順にクリックし、［文字列の方向］で［縦書き］あるいは［縦書き（半角文字含む）］を指定します。

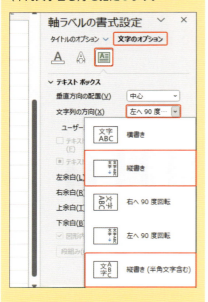

**1** 軸ラベルをクリックして、

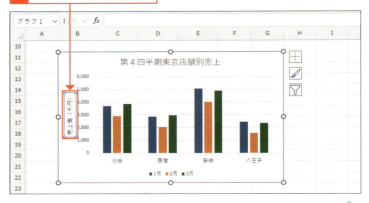

**2** ［ホーム］タブをクリックします。　**3** ［方向］をクリックして、

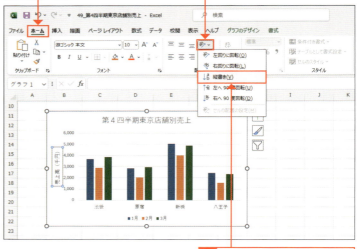

**4** ［縦書き］をクリックすると、

**5** 軸ラベルの文字方向が縦書きに変更されます。

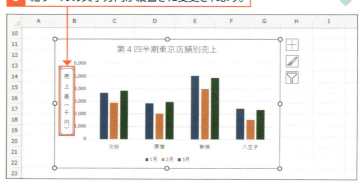

## ③ 目盛線を追加する

### 重要用語

**目盛線**

「目盛線」とは、データを読み取りやすいように表示する線のことです。グラフを作成すると、自動的に主横軸目盛線が表示されます。さらにグラフを見やすくするために、主縦軸に目盛線を表示させることができます。また、下図のように、主目盛線よりも細かい間隔で補助目盛線を表示することもできます。

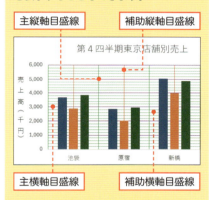

### 補足

**グラフ要素のメニューを閉じる**

[グラフ要素]をクリックすると表示されるメニューを閉じるには、グラフの外側のセルをクリックします。

**1** グラフをクリックして、 **2** [グラフ要素]をクリックします。

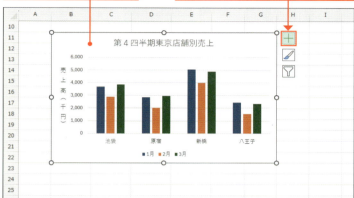

**3** [目盛線]にマウスポインターを合わせて、 **4** ここをクリックし、

**5** [第1主縦軸]をクリックすると、

**6** 主縦軸目盛線が表示されます。

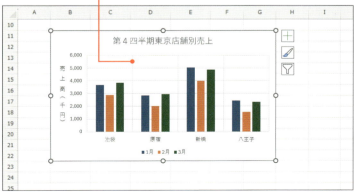

# Section 50 目盛と単位を変更しよう

## ここで学ぶこと
・縦（値）軸の目盛範囲
・縦（値）軸の目盛間隔
・表示単位

グラフの縦軸の表示は、表の数値に応じて自動的に表示されますが、**目盛の範囲や間隔などを変更**することができます。また、表の数値が大きい場合は、**表示単位を千円や万円にする**と見やすくなります。

練習▶50_第4四半期商品分類別売上

## 1 縦（値）軸の目盛範囲や間隔を変更する

### 解説
**縦（値）軸の目盛範囲や間隔を変更する**

縦（値）軸の目盛範囲や間隔は、［軸の書式設定］作業ウィンドウで変更できます。［境界線］の［最小値］や［最大値］の数値を変更すると、目盛の範囲を設定した範囲で表示できます。また、［単位］の［主］や［補助］の数値を変更すると、目盛の間隔を設定した間隔で表示できます。右の例では、［境界値］の［最小値］を「0.0」から「200000.0」に、［単位］の［主］を「150000.0」から「200000.0」に変更しています。

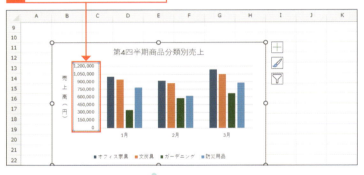

1 縦（値）軸をクリックします。

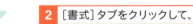

2 ［書式］タブをクリックして、

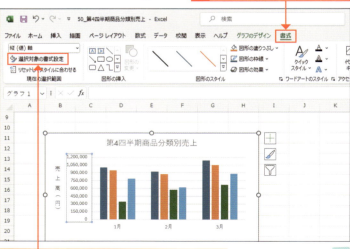

3 ［選択対象の書式設定］をクリックします。

### 作業ウィンドウを閉じる

[軸の書式設定]作業ウィンドウを閉じるには、作業ウィンドウの右上にある[閉じる]✕をクリックします。

### 目盛範囲や間隔をもとに戻すには

変更した軸の[最小値]や[最大値]、[単位]をもとに戻すには、[軸の書式設定]作業ウィンドウで、数値ボックスの右側に表示されている[リセット]をクリックします。

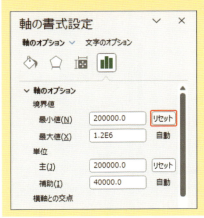

4 [境界値]の[最小値]の数値を「200000.0」に変更して、

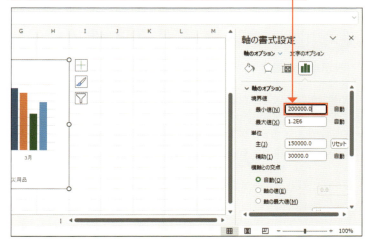

5 [単位]の[主]を「200000.0」に変更します。

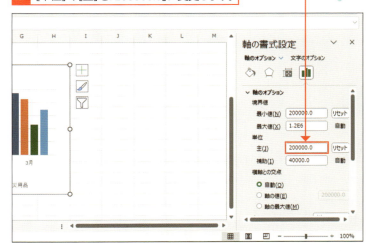

6 軸の最小値と間隔が変更されます。

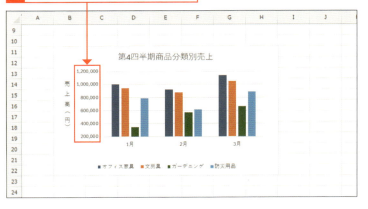

## ② 縦（値）軸の表示単位を変更する

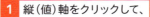

### 解説

**表示単位の設定**

縦（値）軸に表示される数値の桁数が多くてグラフが見にくい場合は、表示単位を千円や万円にすると、グラフを見やすくすることができます。右の例では、表示単位を「千」にすることで、「100,000」を「100」と表示しています。

**1** 縦（値）軸をクリックして、

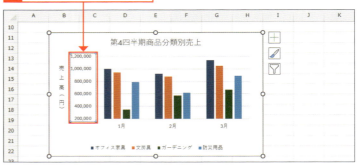

**2** [書式]タブをクリックし、

**3** [選択対象の書式設定]をクリックします。

**4** [表示単位]のここをクリックして、

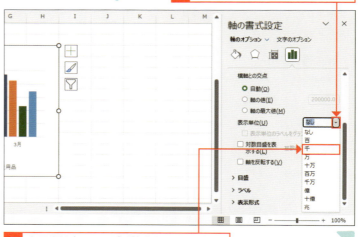

**5** 表示単位（ここでは[千]）をクリックします。

## ヒント

### 表示単位のラベル

手順6で[表示単位のラベルをグラフに表示する]をオンにした場合は、[表示単位]で選択した単位がグラフ上に表示されます。軸ラベルを表示していない場合は、オンにするとよいでしょう。

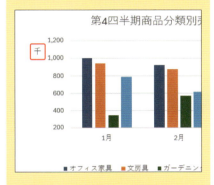

## 補足

### 軸ラベルを移動する

軸ラベルの位置を移動するには、軸ラベルをクリックして、軸ラベルの外枠をドラッグします。

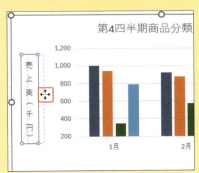

**6** [表示単位のラベルをグラフに表示する]をクリックしてオフにします。

**7** 軸の表示単位が変更されます。

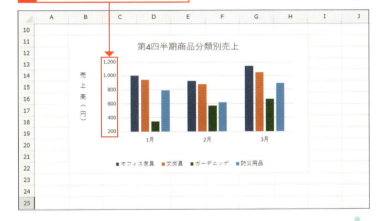

**8** 表示単位に合うように、軸ラベルの「円」を「千円」に変更します。

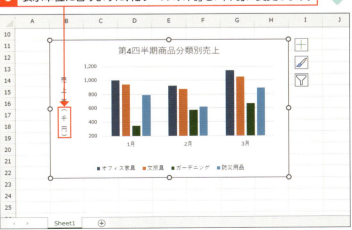

# Section 51 円グラフを作成しよう

### ここで学ぶこと
・円グラフ
・クイックレイアウト
・色の変更

円グラフは、円全体を100%として、**円を構成する扇形の大きさでそれぞれのデータの割合を表す**グラフです。グラフを作成したあとは、レイアウトを変更したり、色味を変更したりして完成させましょう。

練習▶51_第4四半期商品分類別売上

## 1 円グラフを作成する

### 解説

**円グラフを作成する**

円グラフを作成するときは、項目名が入力されている列または行部分と、数値が入力されている列または行を1つだけ選択します。通常、円グラフでは値の大きい順に時計回りで表示するので、もとになるデータは、数値の大きい順に並べ替えておきます。

1. グラフのもとになるセル範囲を選択します。
2. [挿入]タブをクリックして、
3. [円またはドーナツグラフの挿入]をクリックし、
4. 作成したいグラフ(ここでは[円])をクリックします。

### 補足

**作成できる円グラフ**

円グラフには、補助円グラフ付き円、補助縦棒付き円、3-D円、ドーナツグラフなど、さまざまな種類があります。

## ヒント

**円グラフを作成するそのほかの方法**

円グラフは、[挿入]タブの[おすすめグラフ]をクリックすると示される[グラフの挿入]ダイアログボックスから作成することもできます（168ページ参照）。

**5** 円グラフが作成されます。

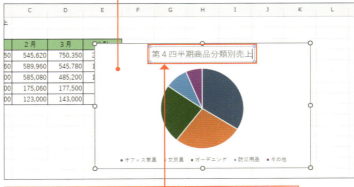

**6** 「グラフタイトル」と表示されている部分をクリックして、タイトルを入力します。

## ② 円の大きさを変更する

### 補足

**うまく選択できないときは**

プロットエリアをうまく選択できない場合は、グラフをクリックして[書式]タブをクリックし、[グラフ要素]の  をクリックして[プロットエリア]をクリックします。

**1** プロットエリアをクリックします。

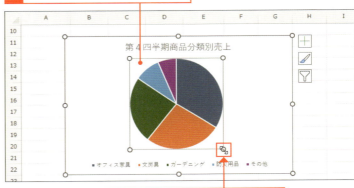

**2** サイズ変更ハンドルにマウスポインターを合わせて、

**3** 変更したい大きさになるまでドラッグすると、

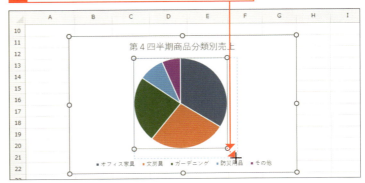

**4** グラフの大きさが変更されます。

## ❸ 項目名とパーセンテージを表示する

### 💬 解説
**項目名とパーセンテージを表示する**

[グラフのデザイン]タブの[クイックレイアウト]を利用すると、グラフ全体のレイアウトを変更することができます。項目名とパーセンテージを表示したいときは、[レイアウト1]を選択します。

1 グラフをクリックして、

2 [グラフのデザイン]タブをクリックします。

3 [クイックレイアウト]をクリックして、

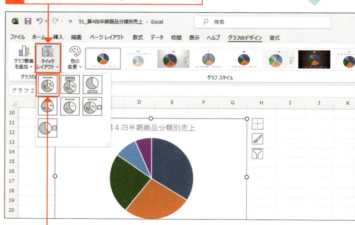

4 目的のレイアウト(ここでは[レイアウト1])をクリックすると、

5 円グラフに項目名とパーセンテージが表示されます。

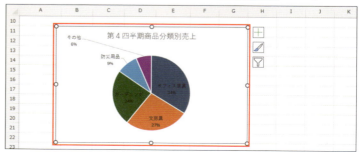

### ✏️ 補足

**データラベルの位置を移動する**

項目名やパーセンテージなどのデータラベルの位置を変更するには、対象のデータラベルを2回クリックして選択し、外枠をドラッグします。

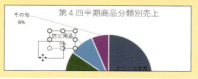

## ④ 円グラフの色を変更する

### 💡 ヒント

**円グラフの一部の色を変更する**

円グラフの一部の色を変更する場合は、変更したい部分を2回クリックして選択し、[書式]タブの[図形の塗りつぶし]をクリックして、色を指定します。

### ✏️ 補足

**データ要素を切り離す**

円グラフで特定のデータ要素を切り離して表示させたいときは、切り離すデータ要素を2回クリックして選択し、外側に向かってドラッグします。

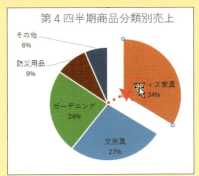

**1** 円グラフをクリックして、

**2** [グラフのデザイン]タブをクリックします。

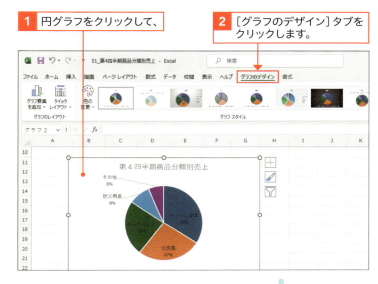

**3** [色の変更]をクリックして、

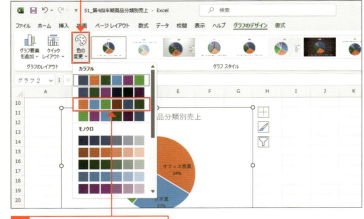

**4** 目的の色をクリックすると、

**5** 円グラフの色が変更されます。

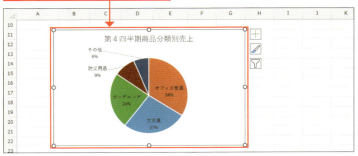

# Section 52 折れ線グラフを作成しよう

**ここで学ぶこと**
・折れ線グラフ
・線の太さと色
・マーカー

折れ線グラフは、時間の経過に沿って値の推移や変化を表すときに使用します。通常、時間の経過を横軸に、データの推移を縦軸に表します。グラフの作成後は、線の太さや色、マーカーの形やサイズを調整して完成させましょう。

練習▶52_下半期地域別売上

## ① 折れ線グラフを作成する

### 解説

**折れ線グラフを作成する**

折れ線グラフを作成するには、月や年などの項目とグラフに表示する数値のセル範囲を選択して、折れ線グラフの種類を指定します。

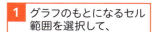

1 グラフのもとになるセル範囲を選択して、

2 [挿入]タブをクリックします。

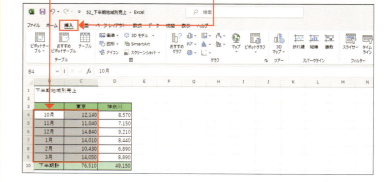

3 [折れ線/面グラフの挿入]をクリックして、

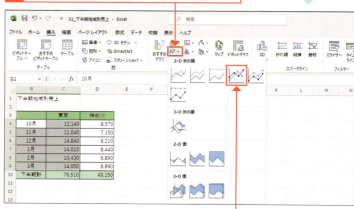

4 作成したいグラフ(ここでは[マーカー付き折れ線])をクリックします。

### ヒント

**折れ線グラフを作成するそのほかの方法**

折れ線グラフは、[挿入]タブの[おすすめグラフ]をクリックすると示される[グラフの挿入]ダイアログボックスから作成することもできます(168ページ参照)。

**補足**

**作成できる折れ線グラフ**

折れ線グラフには、積み上げ折れ線、100％積み上げ折れ線、マーカー付き積み上げ折れ線、マーカー付き100％積み上げ折れ線、3-D折れ線グラフなどの種類があります。

**5** 折れ線グラフが作成されます。

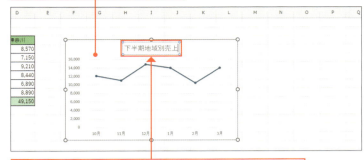

**6** 「グラフタイトル」と表示されている部分をクリックして、タイトルを入力します。

## ② 線の太さを変更する

**ヒント**

**線の色を変更する**

折れ線グラフの線の色を変更する場合は、手順④のあとに［色］をクリックして指定します。

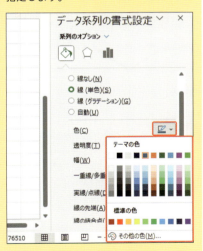

**1** 折れ線グラフの線をクリックして、 **2** ［書式］タブをクリックし、

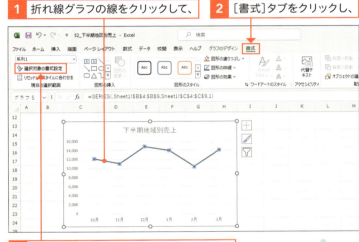

**3** ［選択対象の書式設定］をクリックします。

**4** ［塗りつぶしと線］をクリックして、 **5** ［幅］を指定すると、

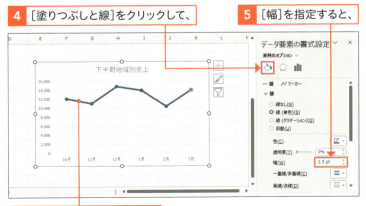

**6** 線の太さが変更されます。

189

## ③ マーカーの形やサイズを変更する

### 🗨 解説
**マーカーの形やサイズを変更する**

マーカーの形やサイズを変更するには、[データ系列の書式設定]作業ウィンドウの[塗りつぶしと線]の[マーカー]で設定します。

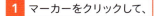
1 マーカーをクリックして、

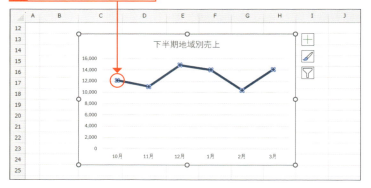

2 [書式]タブをクリックし、

3 [選択対象の書式設定]をクリックします。

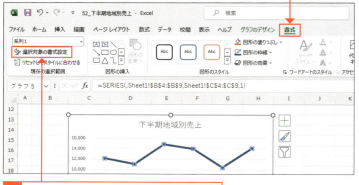

4 [塗りつぶしと線]をクリックして、

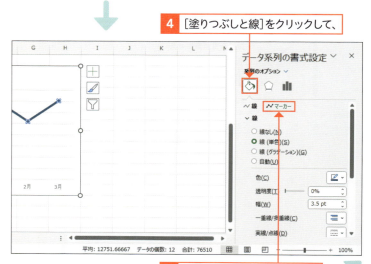

5 [マーカー]をクリックします。

### マーカーの色を変更する

マーカーの色を変更する場合は、手順❾のあとで[塗りつぶし]をクリックして、[塗りつぶし(単色)]をクリックしてオンにし、[色]を指定します。

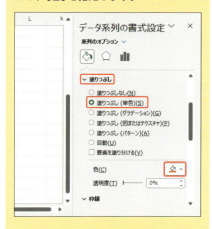

### グラフ全体のデザインを変更する

[グラフのデザイン]タブの[グラフスタイル]を利用すると、グラフの色やスタイル、背景色などの書式があらかじめ設定されているスタイルを適用することができます。

**❻** [マーカーのオプション]をクリックして、

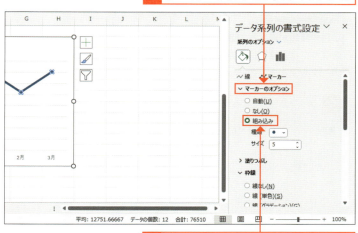

**❼** [組み込み]をクリックしてオンにします。

**❽** [種類]を指定して、

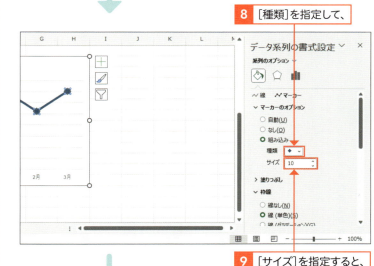

**❾** [サイズ]を指定すると、

**❿** マーカーの形とサイズが変更されます。

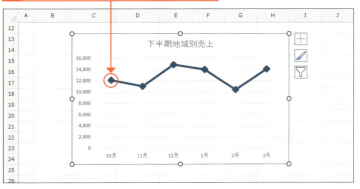

191

## 応用技 複合グラフを作成する

単位や種類が異なる2種類のデータを1つのグラフ上に表示して分析する場合は、複合グラフを利用すると便利です。複合グラフは、棒と折れ線など、異なる種類のグラフを組み合わせたグラフです。売上数と気温のような、単位の異なるデータをまとめて表現したいときに利用します。

1 グラフのもとになるセル範囲を選択します。

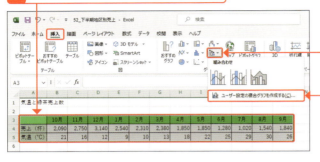

2 [挿入]タブの[複合グラフの挿入]をクリックして、

3 [ユーザー設定の複合グラフを作成する]をクリックします。

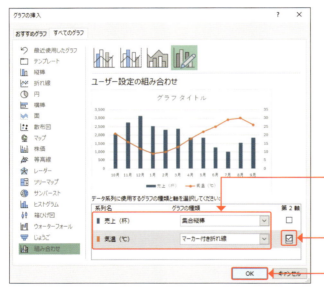

4 「売上」を[集合縦棒]に、「気温」を[マーカー付き折れ線]に設定します。

5 「気温」の[第2軸]をクリックしてオンにし、

6 [OK]をクリックすると、

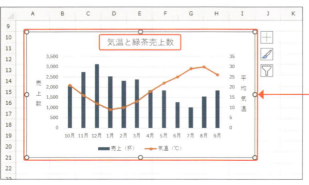

7 縦棒とマーカー付き折れ線の複合グラフが作成されます。

8 グラフタイトルや軸ラベルなどを追加すれば、完成です。

第 **7** 章

# 条件付き書式を 設定しよう

| | |
|---|---|
| Section 53 | 条件付き書式を設定しよう |
| Section 54 | 特定の文字を含むデータを目立たせよう |
| Section 55 | 指定の値より大きなセルを目立たせよう |
| Section 56 | 条件を満たす行を目立たせよう |
| Section 57 | 数値の大小をバーで表示しよう |
| Section 58 | 数値の大小を色やアイコンで表示しよう |
| Section 59 | 条件付き書式の設定を解除しよう |

## この章で学ぶこと

# 条件付き書式の基本を知ろう

## ▶ 条件付き書式とは？

条件付き書式とは、指定した条件にもとづいてセルを強調表示したり、データを相対的に評価して、視覚化したりする機能です。条件付き書式を利用すると、条件に一致するセルに書式を設定して特定のセルを目立たせたり、データを視覚的に評価するためのデータバーやカラースケール、アイコンを表示させたりすることができます。

| | A | B | C | D | E | F | G | H |
|---|---|---|---|---|---|---|---|---|
| 1 | 下半期東京店舗別売上 | | | | | | | |
| 2 | | | | | | | | |
| 3 | | 10月 | 11月 | 12月 | 1月 | 2月 | 3月 | |
| 4 | 池袋 | 3,560 | 2,980 | 4,450 | 3,670 | 2,880 | 3,860 | |
| 5 | 原宿 | 2,680 | 2,460 | 3,120 | 2,850 | 2,020 | 2,950 | |
| 6 | 新橋 | 4,250 | 3,750 | 5,800 | 5,040 | 3,990 | 4,890 | |
| 7 | 八王子 | 1,650 | 1,850 | 1,470 | 2,450 | 1,540 | 2,350 | |
| 8 | | | | | | | | |

条件に一致するセルに書式を設定して、特定のセルを目立たせます。

| | A | B | C | D | E | F | G |
|---|---|---|---|---|---|---|---|
| 1 | 半期別売上比較 | | | | | | |
| 2 | | | | | | | |
| 3 | | 下半期売上 | 上半期売上 | 前期比 | 増減 | | |
| 4 | 池袋 | 20,950 | 19,460 | 1.08 | 1,490 | | |
| 5 | 原宿 | 15,540 | 15,120 | 1.03 | 420 | | |
| 6 | 新橋 | 27,720 | 28,840 | 0.96 | -1,120 | | |
| 7 | 八王子 | 11,310 | 10,890 | 1.04 | 420 | | |
| 8 | 横浜 | 20,190 | 21,590 | 0.94 | -1,400 | | |
| 9 | 鎌倉 | 17,070 | 18,450 | 0.93 | -1,380 | | |
| 10 | 横須賀 | 11,890 | 10,570 | 1.12 | 1,320 | | |
| 11 | | | | | | | |

数式を使用して条件を指定することもできます。この例では、前期比が「1.00」より小さい行に背景色を設定しています。

| | A | B | C | D | E | F | G |
|---|---|---|---|---|---|---|---|
| 1 | 半期別売上比較 | | | | | | |
| 2 | | | | | | | |
| 3 | | 下半期売上 | 上半期売上 | 前期比 | 増減 | | |
| 4 | 池袋 | 20,950 | 19,460 | ✔ 1.08 | 1,490 | | |
| 5 | 原宿 | 15,540 | 15,120 | 1.03 | 420 | | |
| 6 | 新橋 | 27,720 | 28,840 | ✖ 0.96 | -1,120 | | |
| 7 | 八王子 | 11,310 | 10,890 | 1.04 | 420 | | |
| 8 | 横浜 | 20,190 | 21,590 | ✖ 0.94 | -1,400 | | |
| 9 | 鎌倉 | 17,070 | 18,450 | ✖ 0.93 | -1,380 | | |
| 10 | 横須賀 | 11,890 | 10,570 | ✔ 1.12 | 1,320 | | |
| 11 | | | | | | | |

データを相対的に評価して、データバーやカラースケール、アイコンなどを表示させます。

7

条件付き書式を設定しよう

## ▶ 条件付き書式の設定項目

[ホーム] タブの [条件付き書式] をクリックすると、条件付き書式の設定メニューが表示されます。条件付き書式の設定項目には、「セルの強調表示ルール」「上位／下位ルール」など、さまざまなものがあります。また「データバー」や「カラースケール」「アイコンセット」のように、数値の大きさの違いを横棒や色、アイコンなどでわかりやすく表示するものもあります。
あらかじめ、条件付き書式で設定できる項目を確認しておきましょう。

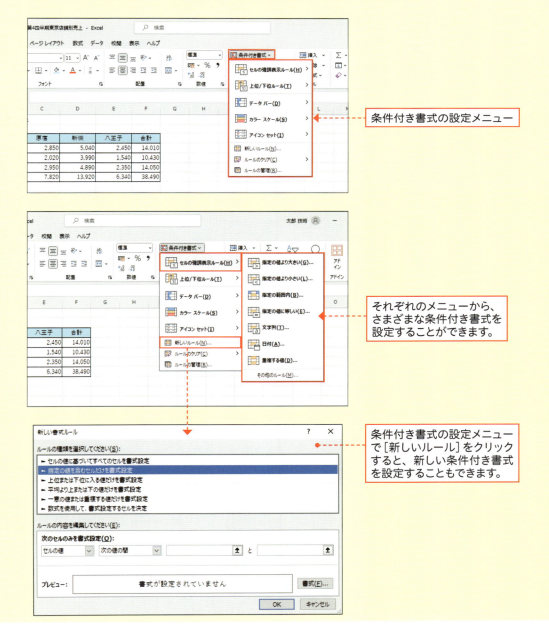

# Section 53 条件付き書式を設定しよう

**ここで学ぶこと**
・条件付き書式
・条件の設定
・書式の設定

条件付き書式は、[ホーム]タブの[条件付き書式]から設定します。条件付き書式では、数値や文字、日付など、さまざまな条件が設定できます。ここでは、上位7位までのデータに書式を設定して強調表示させます。

練習▶53_PCスキル資格試験結果

## ① 条件付き書式を設定する

**解説**

**条件付き書式を設定する**

条件付き書式は、指定した条件に一致するセルに自動的に書式を設定することができる機能です。条件付き書式を設定したセルのデータが変更されると、その内容に応じて書式も自動的に変更されます。

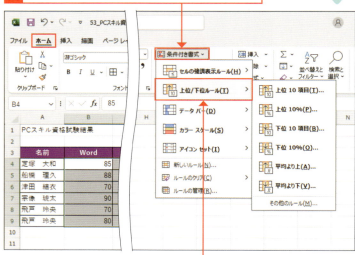

1 条件付き書式を設定するセル範囲を選択します。

2 [ホーム]タブの[条件付き書式]をクリックして、

3 設定する項目（ここでは[上位／下位ルール]）にマウスポインターを合わせます。

## 解説

### 数値や割合を指定して評価する

条件付き書式の［上位／下位ルール］では、上位または下位○項目、上位または下位○パーセント、平均より上または下、などの条件でセルに書式を設定して目立たせることができます。

**4** 条件の内容（ここでは「上位10項目」）をクリックすると、

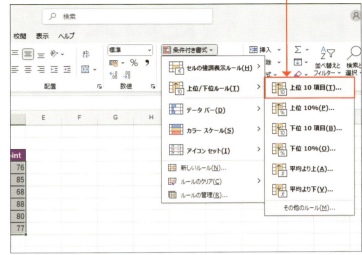

**5** 選択した条件に応じた設定画面が表示されるので、条件（ここでは「7」）を指定して、

**6** 書式を設定します（199ページの「ヒント」参照）。

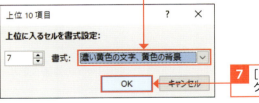

**7** ［OK］をクリックすると、

**8** 条件に合うデータのセルに書式が設定されます。

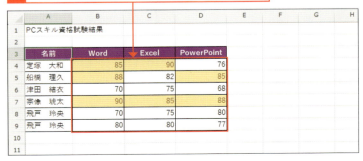

## 解説

### 特定のデータを目立たせる

ここでは特定のデータを目立たせるために、［条件付き書式］の［上位／下位ルール］から［上位10項目］をクリックして、上位7位までのデータが［濃い黄色の文字、黄色の背景］で表示されるように設定しています。

# Section 54 特定の文字を含むデータを目立たせよう

### ここで学ぶこと
- セルの強調表示ルール
- 文字列
- 書式

特定の文字を含むデータが入力されているセルに書式を設定して目立たせるには、[条件付き書式]の[セルの強調表示ルール]から[文字列]を選択して、目立たせたい文字を入力します。

練習▶54_アルバイトシフト表

## 1 特定の文字の色を変える

### 解説

**特定の文字を目立たせる**

予定表などを作成する際は、土曜や日曜のセルに色を付けると見やすい表になります。特定の文字を目立たせるには、条件付き書式の[セルの強調表示ルール]から[文字列]をクリックして、条件の文字を入力します。

**1** 条件付き書式を設定するセル範囲を選択して、

**2** [ホーム]タブの[条件付き書式]をクリックします。

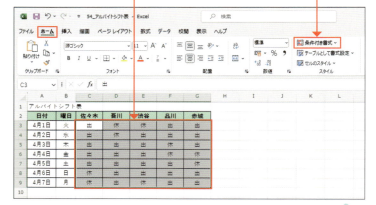

**3** [セルの強調表示ルール]にマウスポインターを合わせて、

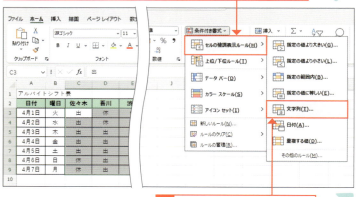

**4** [文字列]をクリックします。

198

## 既定値として用意されている書式

条件付き書式の［セルの強調表示ルール］と［上位／下位ルール］では、あらかじめいくつかの書式が用意されています。これら以外の書式を利用したい場合は、メニュー最下段の［ユーザー設定の書式］をクリックして、個別に書式を設定します。

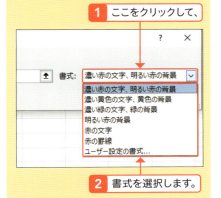

**1** ここをクリックして、
**2** 書式を選択します。

**5** 条件（ここでは「休」）を入力して、
**6** 書式を指定します（左の「ヒント」参照）。
**7** ［OK］をクリックすると、
**8** 条件に合うデータのセルに書式が設定されます。

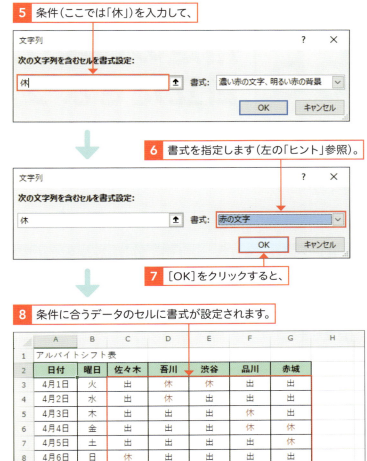

## 補足　その他のルールを設定する

［セルの強調表示ルール］で「○○を含む／○○を含まない」「○○で始まる／○○で終わる」などの条件を指定するには、手順 **4** で［その他のルール］をクリックします。［新しい書式ルール］ダイアログボックスが表示されるので、［指定の値を含むセルだけを書式設定］をクリックし、ルールの内容で［特定の文字列］を選択して、条件を指定します。

ここで条件を指定します。

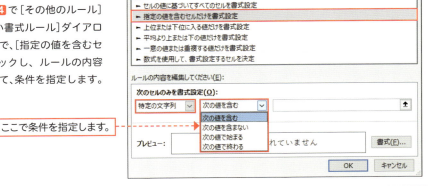

54 特定の文字を含むデータを目立たせよう

7 条件付き書式を設定しよう

199

# Section 55 指定の値より大きなセルを目立たせよう

## ここで学ぶこと
・セルの強調表示ルール
・指定の値より大きい
・クイック分析

指定の値より大きい／小さい、指定の範囲内、指定の値に等しい、などの条件でセルを強調表示するには、［セルの強調表示ルール］から条件を指定して、数値を入力します。設定したルールは、変更することもできます。

練習▶55_下半期東京店舗別売上

## ① 指定の値より大きい数値に色を付ける

### 解説
**指定の値より大きい数値を目立たせる**

条件付き書式の［セルの強調表示ルール］では、指定した値をもとに、指定の値より大きい／小さい、指定の範囲内、指定の値に等しい、などの条件でセルに書式を設定して目立たせることができます。特定の値より大きい数値に色を付けるには、［指定の値より大きい］をクリックして、数値を入力します。特定の値より小さい数値に色を付けるには、手順4で［指定の値より小さい］をクリックして、数値を入力します。

1 条件付き書式を設定するセル範囲を選択して、

2 ［ホーム］タブの［条件付き書式］をクリックします。

3 ［セルの強調表示ルール］にマウスポインターを合わせて、

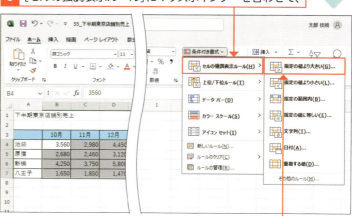

4 ［指定の値より大きい］をクリックします。

### ヒント
**条件付き書式で設定できる条件**

条件付き書式で設定できる条件は、セルに入力されているデータの種類によって、以下のようなものがあります。

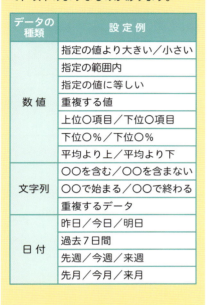

| データの種類 | 設定例 |
|---|---|
| 数値 | 指定の値より大きい／小さい |
|  | 指定の範囲内 |
|  | 指定の値に等しい |
|  | 重複する値 |
|  | 上位○項目／下位○項目 |
|  | 下位○％／下位○％ |
|  | 平均より上／平均より下 |
| 文字列 | ○○を含む／○○を含まない |
|  | ○○で始まる／○○で終わる |
|  | 重複するデータ |
| 日付 | 昨日／今日／明日 |
|  | 過去7日間 |
|  | 先週／今週／来週 |
|  | 先月／今月／来月 |

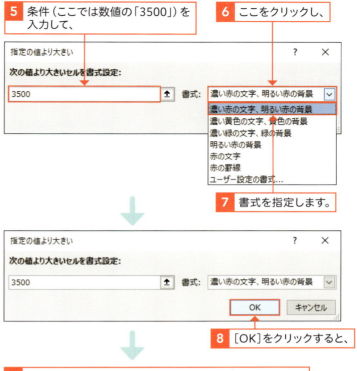

5 条件（ここでは数値の「3500」）を入力して、

6 ここをクリックし、

7 書式を指定します。

8 ［OK］をクリックすると、

9 指定した値より大きい数値のセルに書式が設定されます。

### 応用技 ［クイック分析］を利用する

条件付き書式は、［クイック分析］を使って設定することもできます。目的のセル範囲をドラッグして、右下に表示される［クイック分析］をクリックし、［書式設定］から目的の条件付き書式を指定します。

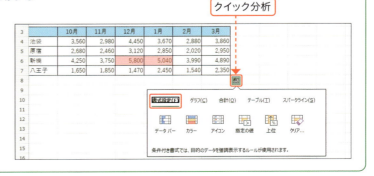

## ❷ 条件付き書式のルールを変更する

### 💬 解説
**条件付き書式のルールを変更する**

条件付き書式の条件や書式を変更したいときは、書式を設定したセル範囲を選択して、[条件付き書式ルールの管理]ダイアログボックスを表示します。ここでは、200ページで設定した条件「セルの値が3500より大きい」を「セルの値が4000〜5000の範囲内」に変更しています。

### ✏️ 補足

**新規の書式ルールを追加する**

[条件付き書式ルールの管理]ダイアログボックスでは、新規の書式ルールを追加することもできます。[新規ルール]をクリックすると表示される[新しい書式ルール]ダイアログボックスで、ルールの種類と内容、書式を設定します。

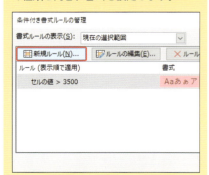

**1** 条件付き書式のルールを変更するセル範囲を選択します。

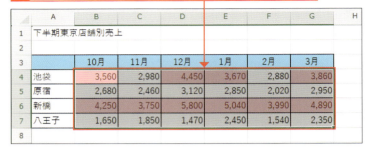

**2** [ホーム]タブの[条件付き書式]をクリックして、

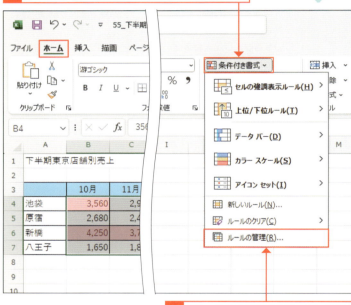

**3** [ルールの管理]をクリックします。

**4** 変更するルールをクリックして、

**5** [ルールの編集]をクリックします。

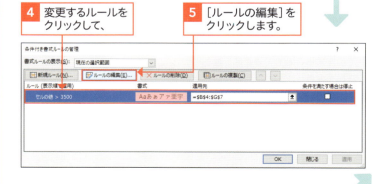

## 補足

### 条件の指定

手順8では、「次の値の間」のほかに、「次の値に等しい」「次の値より大きい」「次の値以上」などの条件を選択できます。

## ヒント

### 書式を変更する

設定する書式を変更する場合は、[書式ルールの編集]ダイアログボックスの[書式]をクリックして、表示される[セルの書式設定]ダイアログボックスで設定します。

**6** ルールの内容で[セルの値]を選択して、

**7** ここをクリックし、

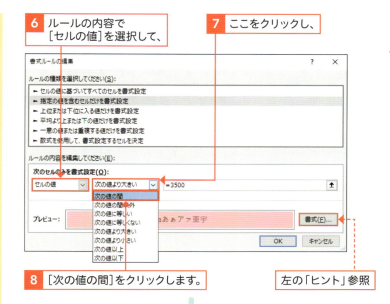

**8** [次の値の間]をクリックします。

左の「ヒント」参照

**9** 数値を変更(ここでは「=4000」と「=5000」)して、

**10** [OK]→[OK]の順にクリックすると、

**11** 条件付き書式のルールが変更されます。

|   | A | B | C | D | E | F | G | H |
|---|---|---|---|---|---|---|---|---|
| 1 | 下半期東京店舗別売上 | | | | | | | |
| 2 | | | | | | | | |
| 3 | | 10月 | 11月 | 12月 | 1月 | 2月 | 3月 | |
| 4 | 池袋 | 3,560 | 2,980 | 4,450 | 3,670 | 2,880 | 3,860 | |
| 5 | 原宿 | 2,680 | 2,460 | 3,120 | 2,850 | 2,020 | 2,950 | |
| 6 | 新橋 | 4,250 | 3,750 | 5,800 | 5,040 | 3,990 | 4,890 | |
| 7 | 八王子 | 1,650 | 1,850 | 1,470 | 2,450 | 1,540 | 2,350 | |
| 8 | | | | | | | | |

## Section 56 条件を満たす行を目立たせよう

**ここで学ぶこと**
・新しいルール
・数式
・絶対参照

条件に一致したセルだけでなく、行全体に書式を設定することもできます。[条件付き書式]の[新しいルール]をクリックして、[**新しい書式ルール**]**ダイアログボックス**を表示し、条件を指定します。

練習▶56_半期別売上比較

### ① 条件に一致する行に色を付ける

**解説**

**条件に一致する行に色を付ける**

条件に一致する行に書式を設定するには、[ホーム]タブの[条件付き書式]をクリックして[新しいルール]をクリックし、表示される[新しい書式ルール]ダイアログボックスで条件を指定します。

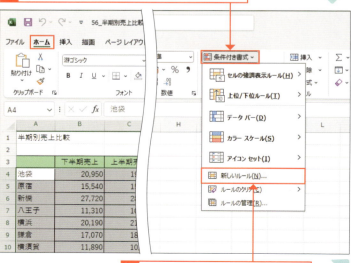

1 条件付き書式を設定するセル範囲を選択して、

2 [ホーム]タブの[条件付き書式]をクリックし、

3 [新しいルール]をクリックします。

## 注意
### 数式を使った条件付き書式の設定

右の手順では、計算式を使った書式設定を行っています。条件を数式で指定する場合は、次の点に注意が必要です。

・冒頭に「＝」を入力します。
・セル参照を利用すると、最初は絶対参照で入力されます。必要に応じて、相対参照や複合参照に変更します。

## 解説
### 手順5で入力している式

手順5で入力している式「=$D4<1.00」は、セル［D4］の前期比が1.00より小さいという条件式です。数式の内容は、アクティブセルの位置を基準に指定しますが、アクティブセル以外のセルでも条件が正しく設定されるように列［D］を絶対参照で指定しています（91ページ参照）。

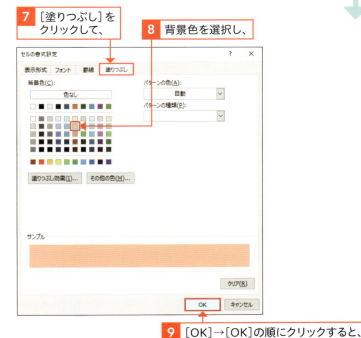

4 ［数式を使用して、書式設定するセルを決定］をクリックして、

5 「前期比が1.00より小さい」という条件（「=$D4<1.00」）を入力し、

6 ［書式］をクリックします。

7 ［塗りつぶし］をクリックして、

8 背景色を選択し、

9 ［OK］→［OK］の順にクリックすると、

10 前期比が指定した値より小さい行に背景色が設定されます。

# Section 57 数値の大小をバーで表示しよう

**ここで学ぶこと**
・条件付き書式
・データバー
・相対評価

条件付き書式には、値の大小に応じてセルに棒グラフのようなバーを表示する**データバー**の機能が用意されています。データバーを表示すると、数値の大きさの推移や傾向が視覚的に判断できます。

練習▶57_半期別売上比較

## ① 数値の大小をデータバーで表示する

### 解説
**条件付き書式による相対評価**

条件付き書式には、選択したセル範囲の最大値／最小値を自動計算し、データを相対評価して書式が設定される「データバー」「カラースケール」「アイコンセット」の機能が用意されています。これらの条件付き書式は、データの傾向を粗く把握したい場合に便利です。

1. データバーを設定するセル範囲を選択して、

2. ［ホーム］タブの［条件付き書式］をクリックします。

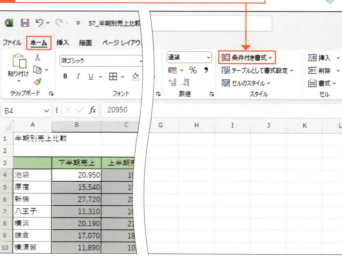

## 解説

### データバーを表示する

条件付き書式の「データバー」は、値の大小に応じた長さの横棒をグラデーションや単色で表示します。データバーには、「塗りつぶし（グラデーション）」と「塗りつぶし（単色）」の2種類が用意されています。ここでは、[塗りつぶし（グラデーション）]の[赤のデータバー]を設定しています。

3 [データバー]にマウスポインターを合わせて、

4 設定したい色をクリックすると、

5 値の大小に応じたデータバーが表示されます。

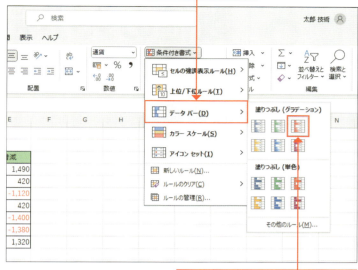

### 補足　プラスとマイナスの数値にデータバーを表示する

右の例のように、設定するセル範囲にプラスとマイナスの数値がある場合は、マイナスとプラスの間に境界線が適用されたデータバーが表示されます。

57　数値の大小をバーで表示しよう

7　条件付き書式を設定しよう

207

# Section 58 数値の大小を色やアイコンで表示しよう

**ここで学ぶこと**
・条件付き書式
・カラースケール
・アイコンセット

条件付き書式には、値の大小に応じてセルを色分けする**カラースケール**や、アイコンで表示する**アイコンセット**が用意されています。色の濃淡やアイコンの違いによって、数値の大きさや傾向などが視覚的に判断できます。

練習▶58_第4四半期東京店舗別売上

## ① 数値の大小をカラースケールで表示する

### 解説

**カラースケールを表示する**

条件付き書式の「カラースケール」は、値の大小をセルの色の濃淡で表示します。カラースケールには、2色のものと3色のものがあります。ここでは2色のカラースケールを設定していますが、大、中、小の数値がわかるようにしたい場合は、3色を設定するとよいでしょう。

**1** カラースケールを設定するセル範囲を選択して、

**2** [ホーム]タブの[条件付き書式]をクリックします。

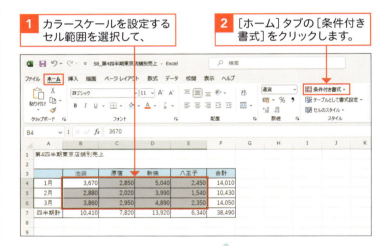

**3** [カラースケール]にマウスポインターを合わせて、

**4** 設定したい色をクリックすると、

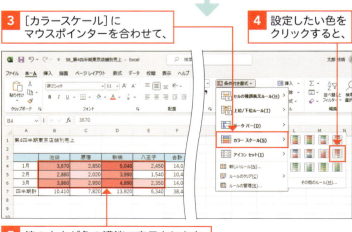

**5** 値の大小が色の濃淡で表示されます。

## ❷ 数値の大小をアイコンで表示する

### 🗨 解説

**アイコンセットを表示する**

アイコンセットでは、値の大小に応じて3～5種類のアイコンをセルの左端に表示します。アイコンセットには、下図のように「方向」「図形」「インジケーター」「評価」の4種類のアイコンが用意されています。ここでは、[3つの記号（丸囲み）]のアイコンセットを設定しています。

**1** アイコンセットを設定するセル範囲を選択して、

**2** [ホーム]タブの[条件付き書式]をクリックします。

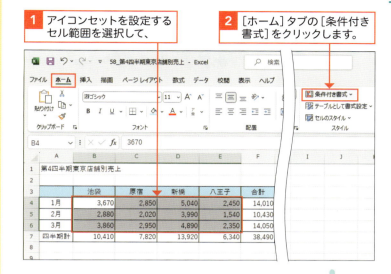

**3** [アイコンセット]にマウスポインターを合わせて、

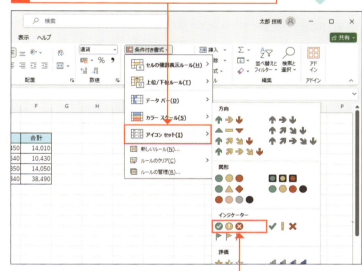

**4** 設定したいアイコンセットをクリックすると、

**5** 値の大小に応じたアイコンが表示されます。

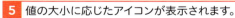

# Section 59 条件付き書式の設定を解除しよう

**ここで学ぶこと**
・ルールのクリア
・条件付き書式の解除
・シート全体からルールをクリア

条件付き書式が不要になった場合は、かんたんに解除することができます。設定を解除したいセル範囲を選択して、**選択したセルからルールをクリア**します。**シート全体からルールをクリア**することもできます。

練習 ▶ 59_第4四半期東京店舗別売上

## 1 条件付き書式の設定を解除する

**ヒント**
**条件付き書式をまとめて解除する**

手順 4 で[シート全体からルールをクリア]をクリックすると、シートに設定されているすべての条件付き書式が解除されます。この場合は、最初にセル範囲を選択しておく必要はありません。

1 設定を解除したいセル範囲を選択して、

2 [ホーム]タブの[条件付き書式]をクリックします。

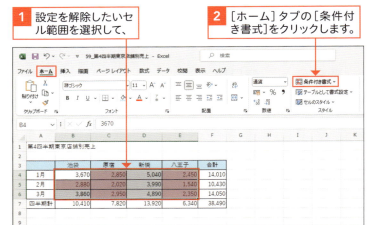

3 [ルールのクリア]にマウスポインターを合わせて、

4 [選択したセルからルールをクリア]をクリックすると、

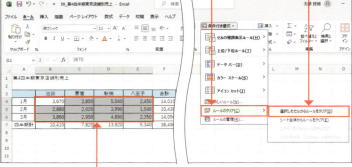

5 条件付き書式の設定が解除されます。

第 **8** 章

# データを整理／抽出しよう

Section 60　リスト形式のデータを用意しよう

Section 61　見出しの行を固定しよう

Section 62　集計列／集計行だけを表示しよう

Section 63　データを並べ替えよう

Section 64　条件に合ったデータを抽出しよう

Section 65　テーブルを作成しよう

Section 66　テーブルのデータを抽出しよう

Section 67　テーブルのデータを集計しよう

Section 68　ピボットテーブルを作成しよう

Section 69　ピボットテーブルを操作しよう

Section 70　ピボットテーブルの集計期間を指定しよう

## この章で学ぶこと

# データの整理と活用を知ろう

### ▶ データを活用する

表をリスト形式で作成すると、データのグループ化や並べ替え、抽出、集計など、さまざまな処理を行うことができます。また、テーブルやピボットテーブルを作成すると、データを効率的に管理したり、さまざまな角度から分析したりすることができます。

●データをグループ化する

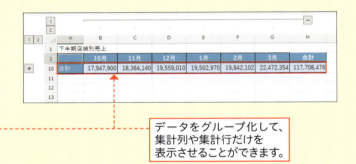

データをグループ化して、集計列や集計行だけを表示させることができます。

●データを並べ替える

特定のフィールドを基準に、データを並べ替えることができます。

**8** データを整理／抽出しよう

● データを抽出する

フィルター機能を利用して、条件に合ったデータを抽出することができます。

● リスト形式の表をテーブルに変換する

テーブルを利用すると、データの抽出や集計などをすばやく行うことができます。

● ピボットテーブルを作成する

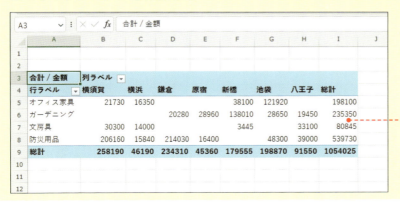

ピボットテーブルを作成すると、データをさまざまな角度から分析することができます。

# Section 60 リスト形式のデータを用意しよう

**ここで学ぶこと**
・列見出し
・レコード
・フィールド

Excelを使ってデータを整理したり活用したりするには、表の**データをリスト形式で入力**しておく必要があります。リスト形式の表を作成するには、いくつかの注意点があります。ここで確認しておきましょう。

 練習▶ファイルなし

## 1 リスト形式のデータとは？

リスト形式のデータとは、下図のように、先頭行に列見出し（フィールド名）が入力され、それぞれの列見出しの下に同じ種類のデータ（レコード）が入力されている一覧表のことです。データをリスト形式で作成すると、並べ替えや抽出、集計などがかんたんに実行できるようになります。

| 項 目 | 内 容 |
|---|---|
| 列見出し | 列見出しは、表の先頭行に作成します。<br>列見出しには、各フィールドのフィールド名を入力します。 |
| フィールド | それぞれの列を指します。同じフィールドには、同じ形式のデータを入力します。<br>データの先頭には、並べ替えや検索に影響がないように、余分なスペースを挿入しないようにします。フィールドの名前をフィールド名といいます。 |
| レコード | 1行のデータを1件として扱います。 |

## ② リストを作成する際に注意すること

リスト形式の表を作成するには、いくつかのルールが必要です。ルールに従って入力されていない場合は、正しく並べ替えができなかったり、抽出ができなかったりすることがあるので、注意が必要です。

### ●リスト形式の表を作成する際の注意点

### ●リストをテーブルに変換する

リスト形式の表をテーブルに変換すると、データの並べ替えや抽出、集計などをすばやく実行することができます（232～239ページ参照）。また、複数のテーブルに対してデータの並べ替えや抽出を行うことができます。空白列や空白行で表を区別する必要はありません。空白列や空白行があっても、並べ替えや集計を行うことができます。

# Section 61 見出しの行を固定しよう

**ここで学ぶこと**
・ウィンドウ枠の固定
・行や列の固定
・ウィンドウ枠固定の解除

リストのデータが多くなると、ワークシートをスクロールしたときに見出しの行が見えなくなり、入力したデータが何を表すのかわからなくなることがあります。このような場合は、**ウィンドウ枠を固定**しておくとよいでしょう。

練習▶61_顧客名簿

## 1 見出しの行を固定する

### 解説

**見出しの行を固定する**

見出しの行が常に見えるようにするには、見出しの行の1つ下の先頭（いちばん左）のセルをクリックして、右の手順で操作します。ウィンドウ枠を固定すると、固定した位置に薄いグレーの線が表示されます。

**1** 固定する行の1つ下の先頭（いちばん左）のセルをクリックして、

**2** ［表示］タブをクリックします。

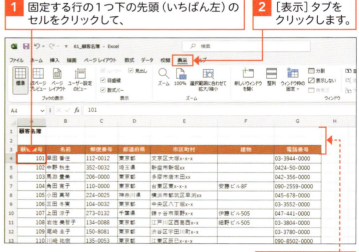

ここを固定します。

**3** ［ウィンドウ枠の固定］をクリックして、

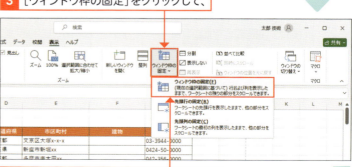

**4** ［ウィンドウ枠の固定］をクリックします。

### ヒント

**見出しの列を固定する**

見出しの列を固定するには、固定する列の右隣の先頭（いちばん上）のセルをクリックして、同様の操作を行います。

**ウィンドウ枠の固定を解除するには？**

ウィンドウ枠の固定を解除するには、[表示]タブをクリックして[ウィンドウ枠の固定]をクリックし、[ウィンドウ枠固定の解除]をクリックします。

**5** 見出しの行が固定されて、境界線が表示されます。

**6** スクロールバーを下方向にスクロールしても、

**7** 見出しの行は常に表示されます。

 **見出しの行と列を同時に固定する**

見出しの行と列を同時に固定するには、固定したいセルの右斜め下のセルをクリックして同様に操作します。クリックしたセルの左上のウィンドウ枠が固定されて、残りのウィンドウ枠内をスクロールすることができます。

**1** 見出しの行と左の列を固定する場合は、

**2** ここをクリックしてウィンドウ枠を固定します。

## Section 62 集計列／集計行だけを表示しよう

### ここで学ぶこと
・グループ化
・アウトライン
・グループ解除

リスト内の集計列や集計行だけが表示されるようにするには、データをグループ化して、**アウトラインを設定**すると便利です。アウトラインを利用すると、**詳細データを非表示**にして、集計列や集計行だけを表示させることができます。

練習▶62_下半期店舗別売上

## 1 データをグループ化する

### 解説
**データをグループ化する**

リストの行や列をグループ化してアウトラインを作成すると、グループの詳細データを非表示にして、集計行や集計列だけを表示させることができます。

### 重要用語
**アウトライン**

「アウトライン」とは、リストの行や列をグループに分けて、詳細データの表示／非表示をかんたんに切り替えることができる機能のことです。

1 リスト内のセルをクリックして、
2 [データ]タブをクリックします。

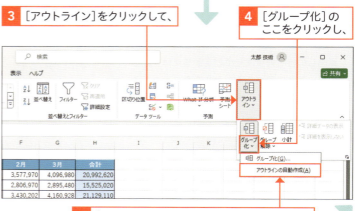

3 [アウトライン]をクリックして、
4 [グループ化]のここをクリックし、
5 [アウトラインの自動作成]をクリックします。

## 解説

### アウトラインを設定する

左ページの手順で操作すると、リスト形式のデータから、アウトラインが自動的に作成されます。アウトラインを作成すると、詳細データの表示／非表示をかんたんに切り替えることができます。

**6** アウトラインが自動的に作成され、アウトライン記号が表示されます。

## ② 集計列だけを表示する

### 解説

### 集計列だけを表示する

アウトラインを設定すると、シートの上や左に 1 2 - + などのアウトライン記号が表示されます。シートの上に表示されたアウトライン記号をクリックすると、詳細データが非表示になり、集計列だけが表示されます。

**1** シートの上にある - または 1 をクリックすると、

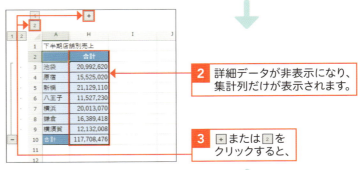

**2** 詳細データが非表示になり、集計列だけが表示されます。

**3** + または 2 をクリックすると、

**4** 詳細データが再表示されます。

### 補足

### サンプルファイル

サンプルの完成ファイルには、②の集計列だけを表示したものと、③の集計行だけを表示したものがそれぞれ別シートにあります。

## ③ 集計行だけを表示する

### 解説

**集計行だけを表示する**

アウトラインを設定すると、シートの左や上にアウトライン記号が表示されます。シートの左に表示されたアウトライン記号をクリックすると、詳細データが非表示になり、集計行だけが表示されます。

**1** シートの左にある - または 1 をクリックすると、

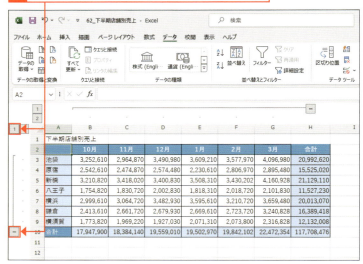

**2** 詳細データが非表示になり、集計行だけが表示されます。

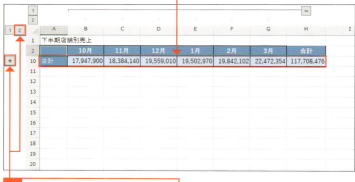

**3** + または 2 をクリックすると、

**4** 詳細データが再表示されます。

### ヒント

**行や列を非表示にして印刷すると…**

アウトラインを利用して、詳細データを非表示にした表を印刷すると、画面の表示どおりに印刷されます。

# ④ グループ化を解除する

## 解説

**グループ化を解除する**

グループ化を解除するには、右の手順で操作します。一部のグループのみを解除する場合は、グループを解除する列や行を選択して、[データ]タブをクリックし、[グループ解除]をクリックします。

**1** [データ]タブをクリックします。

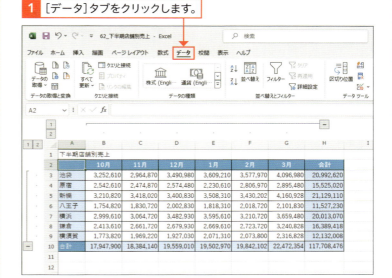

**2** [アウトライン]をクリックして、

**3** [グループ解除]のここをクリックし、

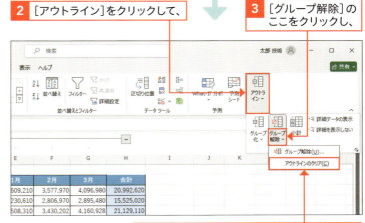

**4** [アウトラインのクリア]をクリックすると、

**5** グループ化が解除されます。

# Section 63 データを並べ替えよう

**ここで学ぶこと**
- データの並べ替え
- 昇順
- 降順

リスト形式の表では、データを**昇順や降順で並べ替え**たり、**新しい順や古い順で並べ替え**たりすることができます。並べ替えを行う際は、基準となるフィールドを指定します。このとき、複数のフィールドを指定することもできます。

練習▶63_社員名簿

## 1 データを昇順や降順に並べ替える

### 解説 データの並べ替え

リスト形式の表を並べ替えるには、基準となるフィールドのセルをあらかじめ指定しておく必要があります。なお、右の手順では昇順で並べ替えましたが、降順で並べ替える場合は、手順3で[降順]をクリックします。

### ヒント データが正しく並べ替えられない！

表内のセルが結合されていたり、空白の行や列があったりする場合は、表全体のデータを並べ替えることができません。並べ替えを行う際は、表内に空白の行や列、セルがないかどうかを確認しておきます。また、ほかのアプリケーションで作成したデータをコピーした場合は、ふりがな情報が保存されていないため、日本語を正しく並べ替えられないことがあります。

1 並べ替えの基準となるフィールド（ここでは「名前」）の任意のセルをクリックします。

2 [データ]タブをクリックして、

3 [昇順]をクリックします。

### ヒント

**昇順と降順の並べ替えのルール**

昇順では、0〜9、A〜Z、日本語の順で並べ替えられ、降順では逆の順番で並べ替えられます。また、日本語は漢字／ひらがな／カタカナの種類に関係なく、ふりがなの五十音順で並べ替えられます。アルファベットの大文字と小文字は区別されません。

**4** 「名前」の昇順に表全体が並べ替えられます。

## ② 並べ替えをもとに戻す

### 解説

**並べ替えをもとに戻す**

並び順をもとに戻すには、「社員番号」など、並び順の基準にするフィールドを指定して並べ替えます。並び順の基準になるフィールドがない場合は、並べ替えをした直後であればクイックアクセスツールバーの[元に戻す]  をクリックすると戻すことができます。ただし、並べ替えたあとでファイルを閉じた場合は、もとに戻せないので注意が必要です。

**1** 並べ替えの基準となるフィールド(ここでは「社員番号」)の任意のセルをクリックして、

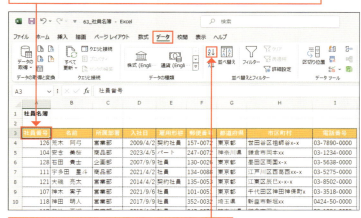

**2** [データ]タブの[昇順]をクリックすると、

**3** 「社員番号」の昇順にデータが並べ替えられます。

## ③ 複数の条件でデータを並べ替える

### 解説

**並べ替えの基準となるキー**

手順 4 で設定する［最優先されるキー］とは、並べ替えの基準となるフィールドのことです。列見出しに入力されたフィールド名を指定します。

**1** リスト内のセルをクリックして、

**2** ［データ］タブをクリックし、

**3** ［並べ替え］をクリックします。

**4** ここをクリックして、

**5** 最初に並べ替えをするフィールド名を指定します（ここでは「入社日」）。

**6** ［並べ替えのキー］を「セルの値」に、［順序］を「新しい順」に設定します。

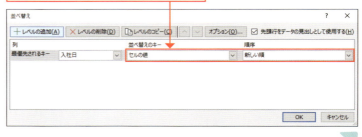

### 補足

**セルの色やアイコンで並べ替える**

［並べ替えのキー］は、「セルの値」だけでなく、セルの色やフォントの色、条件付き書式で設定したアイコンなどを条件として設定することもできます。

## 解説

### 2つ以上の基準で並べ替える

2つ以上のフィールドを基準に並べ替えを行う場合は、[並べ替え]ダイアログボックスの[レベルの追加]をクリックして、並べ替えの条件を設定する行を追加します。最大で64の条件を設定できます。

**7** [レベルの追加]をクリックします。

**8** 2番目に並べ替えをするフィールド名を指定して(ここでは「所属部署」)、

**9** [並べ替えのキー]を「セルの値」に、[順序]を「昇順」に設定します。

**10** [OK]をクリックすると、

**11** 指定した2つのフィールド(「入社日」と「所属部署」)を基準に、表全体が並べ替えられます。

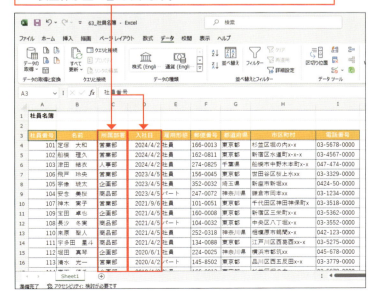

## ヒント

### 並べ替えの優先順位を変更する

複数の条件で並べ替えを設定している場合、並べ替えの優先順位を変更することができます。[レベルのコピー]の右にある[上へ移動]や[下へ移動]で、順番を変更します。

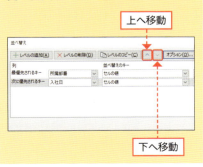

上へ移動

下へ移動

## ④ 独自の条件でデータを並べ替える

### 解説

**独自の条件でデータを並べ替える**

「昇順」や「降順」ではなく、独自の条件で並べ替えを行いたいときは、[並べ替え]ダイアログボックスの[順序]で[ユーザー設定リスト]をクリックして、ユーザー設定リストに条件を登録します。

**1** リスト内のセルをクリックして、

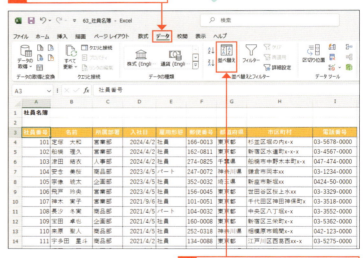

**2** [データ]タブをクリックし、

**3** [並べ替え]をクリックします。

**4** 並べ替えをするフィールド名を指定し（ここでは「都道府県」）、

**5** ここをクリックして、

**6** [ユーザー設定リスト]をクリックします。

### 補足

**合計行以外を並べ替える**

並べ替えを行う表に合計行がある場合、データを降順に並べ替えると、合計行が先頭に表示されてしまいます。合計行を除いて降順に並べ替えるには、合計行を除いてセル範囲を選択し、[データ]タブの[並べ替え]をクリックして並べ替えます。

## リストの項目の入力

手順7では、Enterを押して改行しながら、並べ替えを行いたい順に1行ずつデータを入力していきます。

7 並べ替えを行いたい順番にデータを改行しながら入力して、

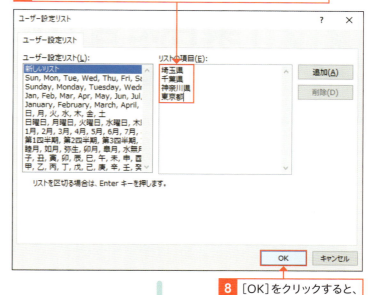

8 [OK]をクリックすると、

9 [順序]にユーザー設定リストが指定されます。

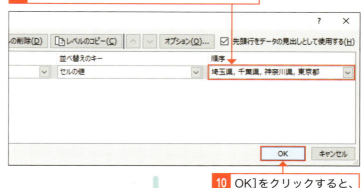

10 OK]をクリックすると、

11 手順7で入力した項目の順に表全体が並べ替えられます。

## ヒント

### 登録したリストを削除するには

ユーザー設定リストに登録したリストを削除するには、[ユーザー設定リスト]ダイアログボックスを表示して、削除するリストをクリックし、[削除]をクリックします。

1 削除するリストをクリックして、

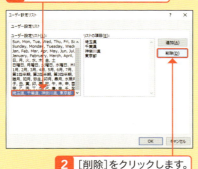

2 [削除]をクリックします。

## Section 64 条件に合ったデータを抽出しよう

**ここで学ぶこと**
・フィルター
・テキストフィルター
・数値フィルター

リスト形式の表の中から条件に一致するデータを抽出するには、**フィルター機能**を利用します。フィルターは、任意のフィールドに含まれるデータのうち、指定した条件に合ったものだけを表示する機能です。

練習▶64_ガーデニング用品売上表

### 1 条件に一致するデータを抽出する

**重要用語**

**フィルター**

「フィルター」は、任意のフィールドに含まれるデータのうち、指定した条件に合ったものだけを表示する機能です。日付やテキスト、数値など、さまざまなフィルターを利用できます。

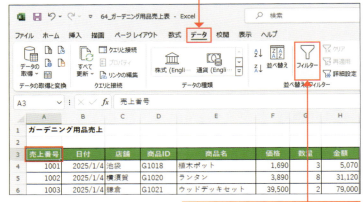

**解説**

**フィルターの設定と解除**

[データ]タブの[フィルター]をクリックすると、フィルターが設定されます。再度[フィルター]をクリックすると、フィルターが解除されます。

228

## 解説

### データを抽出する そのほかの方法

右の手順では[検索]ボックスを使いましたが、その下にあるデータの一覧で抽出条件を指定することもできます。抽出したいデータのみをオンにし、そのほかのデータをオフにして[OK]をクリックします。

抽出したいデータのみをオンにします。

## ヒント

### フィルターの条件を解除するには？

フィルターの条件を解除してすべてのデータを表示するには、をクリックして、["○○"からフィルターをクリア]をクリックします。

---

**4** 条件を指定するフィールド（ここでは「店舗」）のフィルターボタンをクリックします。

**5** [検索]ボックスに抽出したいデータ（ここでは「新橋」）を入力して、

**6** [OK]をクリックすると、

**7** 店舗名が「新橋」のデータが抽出されます。

フィルターを適用すると、条件を指定したフィールドのボタンの表示が変わります。

## ❷ 数値を指定してデータを抽出する

### 💬 解説

**数値フィルター**

フィルターで指定できる抽出条件は、フィールドに入力されているデータの種類によって異なります。数値が入力されている場合は、[数値フィルター]で下図のような条件が指定できます。

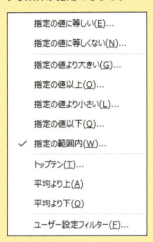

**1** 条件を指定するフィールド（ここでは「価格」）のフィルターボタンをクリックします。

**2** [数値フィルター]にマウスポインターを合わせて、

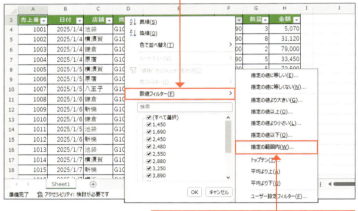

**3** [指定の範囲内]をクリックします。

**4** 条件の内容を確認して、

**5** [抽出条件の指定]の[価格]に「5000」と入力し、

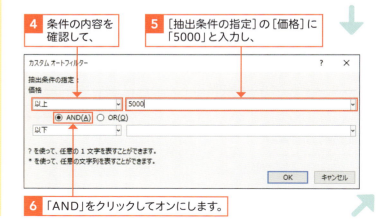

**6** 「AND」をクリックしてオンにします。

### ヒント

**ANDとOR条件を指定してデータを抽出する**

[オートフィルターオプション]ダイアログボックスでは、1つの列に2つの条件を設定することができます。ここでは[AND]をオンにしましたが、[OR]をオンにすると、「10,000以上または5,000以下」などの条件でデータを抽出することができます。ANDは「かつ」、ORは「または」と読み替えるとわかりやすいでしょう。

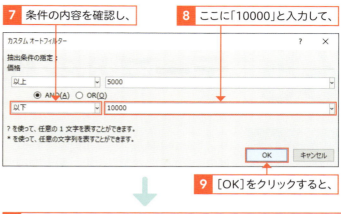

7 条件の内容を確認し、
8 ここに「10000」と入力して、
9 [OK]をクリックすると、
10 「価格」が「5,000以上かつ10,000以下」のデータが抽出されます。

### 補足　さまざまな条件を指定できる

フィルター機能を利用してデータを抽出する際、フィールドにある項目名だけでなく、さまざまな条件を指定することができます。指定できる条件は、フィールドに入力されているデータの種類によって異なります。左ページでは[数値フィルター]を指定していますが、[テキストフィルター]や[日付フィルター]では、下図のような条件が指定できます。

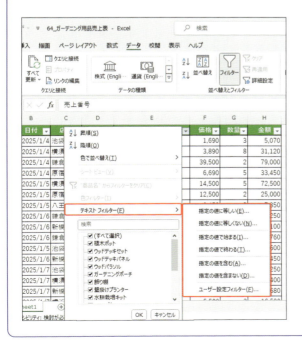

# Section 65 テーブルを作成しよう

**ここで学ぶこと**
・リスト
・テーブル
・フィルター

リスト形式の表を**テーブル**に**変換**すると、**データの抽出**や**並べ替え**、**集計**などをすばやく行うことができます。テーブルとしてのスタイルもあらかじめ用意されているので、見栄えのする表を作成することができます。

練習▶65_売上日報

## 1 テーブルとは？

「テーブル」とは、データを効率的に管理するための機能です。リスト形式の表をテーブルに変換すると、データの抽出や並べ替え、集計行の追加などをすばやく行うことができます。

フィルター機能を利用するためのボタンが追加され、さまざまな条件でデータを絞り込むことができます。

集計行を追加して、平均や合計、個数などを瞬時に求めることができます。

## ② リストをテーブルに変換する

**解説**

### テーブル範囲とテーブル見出し

手順❸で、テーブルに変換するデータ範囲が間違っている場合は、シート上をドラッグして指定し直します。また、列見出しがない表の場合は、手順❹で［先頭行をテーブルの見出しとして使用する］をオフにすると、「列1」「列2」などの見出しが自動的に作成されます。

**ヒント**

### テーブルをもとのセル範囲に戻すには？

作成したテーブルをもとのセル範囲に戻すには、［テーブルデザイン］タブの［範囲に変換］をクリックし、確認のダイアログボックスで［はい］をクリックします。ただし、セルの背景色や罫線などの書式はそのまま残ります。書式をクリアするには、［テーブルスタイル］グループの▽をクリックして、［クリア］をクリックしてから範囲に変換します。

❶ リスト内のセルをクリックして、［ホーム］タブの［テーブルとして書式設定］をクリックし、

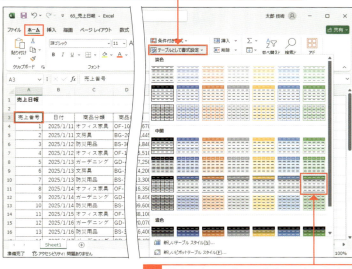

❷ 設定したいスタイルをクリックします。

❸ テーブルに変換するデータ範囲を確認して、

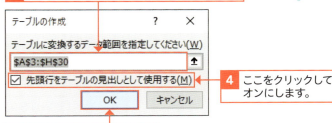

❹ ここをクリックしてオンにします。

❺ ［OK］をクリックすると、

❻ リストがテーブルに変換されます。

# Section 66 テーブルのデータを抽出しよう

**ここで学ぶこと**
・フィルター
・テキストフィルター
・スライサー

リスト形式の表をテーブルに変換すると、**列見出しにフィルター機能を利用するためのボタンが表示**されます。このボタンを利用して、テーブルからデータを抽出したり、並べ替えたりすることができます。

練習▶66_売上日報

## 1 テーブルからデータを抽出する

### 解説
**抽出条件を指定する**

テーブルからデータを抽出するには、条件を指定するフィールドのフィルターボタンをクリックして、表示される一覧で条件を指定します。

### 解説
**項目を選択する**

[(すべて選択)]をクリックすると、すべての項目がオフになります。すべての項目がオフになった状態で、抽出したい項目をクリックしてオンにします。なお、[(すべて選択)]を再度クリックすると、すべての項目がオンになります。

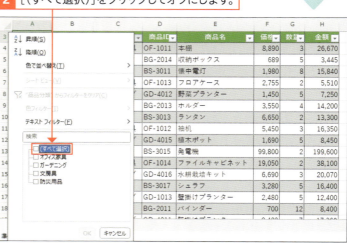

**1** 条件を指定するフィールド(ここでは「商品分類」)のフィルターボタンをクリックして、

**2** [(すべて選択)]をクリックしてオフにします。

## 補足

### データを並べ替える

テーブルのデータを並べ替えるには、並べ替えの基準にするフィールドのフィルターボタンをクリックして、[昇順]あるいは[降順]をクリックします。

**3** 抽出したいデータ（ここでは「防災用品」）をクリックしてオンにし、

**4** [OK]をクリックすると、

**5** 商品分類が「防災用品」のデータが抽出されます。

### ヒント 抽出条件を解除するには？

抽出条件を解除してすべてのデータを表示するには、条件を指定したフィールドの  をクリックして、["○○"からフィルターをクリア]をクリックします。

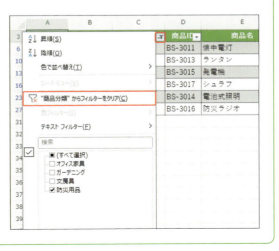

## ❷ 条件を細かく指定してデータを抽出する

### 💬 解説

**抽出条件を指定する**

フィルターで指定できる抽出条件は、フィールドに入力されているデータの種類によって異なります。右の例では[テキストフィルター]を指定していますが、数値では「数値フィルター」が、日付では「日付フィルター」が表示されます。

数値フィルター

日付フィルター

**1** 条件を指定するフィールド（ここでは「商品名」）のフィルターボタンをクリックして、

**2** [テキストフィルター]にマウスポインターを合わせ、

**3** [指定の値を含む]をクリックします。

**4** 条件の内容を確認して、

**5** [抽出条件の指定]の[商品名]に「プランター」と入力します。

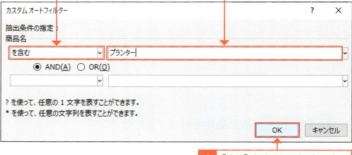

**6** [OK]をクリックすると、

**7** 指定した条件を満たすデータが抽出されます。

## ③ スライサーを追加してデータを抽出する

### 解説
**スライサー**

「スライサー」は、データを視覚的に絞り込むための機能です。スライサーを追加すると、抽出条件の選択肢が一覧表示されるので、そこから抽出したい項目を選択することができます。スライサーの絞り込みを解除するには、スライサーの［フィルターのクリア］をクリックします。

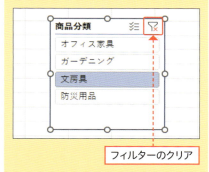

フィルターのクリア

### ヒント
**スライサーのサイズを変更する／削除する**

スライサーの大きさを変更するには、スライサーをクリックし、周囲に表示されるサイズ変更ハンドルをドラッグします。スライサーを削除するには、スライサーをクリックして Delete を押します。

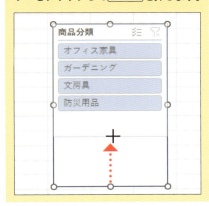

**1** テーブル内のセルをクリックして、［挿入］タブをクリックし、

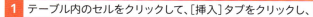
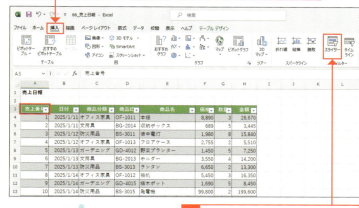

**2** ［スライサー］をクリックします。

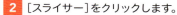

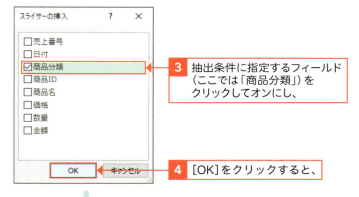

**3** 抽出条件に指定するフィールド（ここでは「商品分類」）をクリックしてオンにし、

**4** ［OK］をクリックすると、

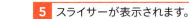

**5** スライサーが表示されます。

**6** 抽出したい項目をクリックすると、

**7** 指定したデータだけが表示されます。

# Section 67 テーブルのデータを集計しよう

**ここで学ぶこと**
・集計行
・集計行の追加
・集計方法

テーブルに**集計行を追加**すると、テーブルの最終行に集計結果を表示する行が追加されます。集計行では、フィールドごとにデータの合計や平均、個数、最大値、最小値などを求めることができます。

練習▶67_売上日報

## 1 テーブルに集計行を追加する

### 解説

**集計行を追加する**

[テーブルデザイン]タブの[集計行]をクリックしてオンにすると、集計行が追加され、フィールドごとにデータの合計や平均、個数、最大値、最小値などを求めることができます。集計行を削除するには、[テーブルデザイン]タブの[集計行]をクリックしてオフにします。

### ヒント

**右端のフィールドの集計結果**

右の手順で集計行を追加すると、集計行の右端のセルには、そのフィールドの集計結果が自動的に表示されます。テーブルの右端のフィールドが数値の場合は合計値が、文字の場合はデータの個数が表示されます。

1 テーブル内のセルをクリックして、[テーブルデザイン]タブをクリックし、

2 [集計行]をクリックしてオンにすると、

3 集計行が追加されます。

左の「ヒント」参照

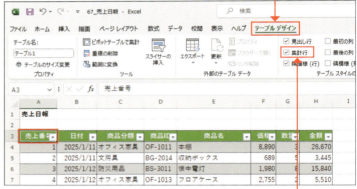

## ② 条件を指定して集計する

**条件を指定して集計する**

集計行を表示した状態でテーブルのデータを抽出すると、抽出されたデータに応じた集計結果が表示されます。

**1** 条件を指定するフィールド（ここでは「商品名」）のフィルターボタンをクリックします。

**2** 集計したい項目をオンにして、

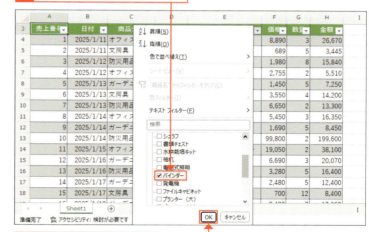

**3** [OK]をクリックすると、

**4** 指定した条件で集計を行った結果が表示されます。

**集計方法を変更する**

集計行では数値の合計のほかに、平均、最大値、最小値などを求めることができます。集計行をクリックして、右側に表示される ▼ をクリックし、集計方法を指定します。

**1** ここをクリックして、

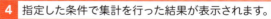

**2** 集計方法を指定します。

# Section 68 ピボットテーブルを作成しよう

**ここで学ぶこと**
・ピボットテーブル
・フィールドリスト
・フィールド

リスト形式の**表のデータをさまざまな角度から分析する**には、**ピボットテーブル**が便利です。ピボットテーブルを利用すると、表の構成を入れ替えたり、集計項目を絞り込んだりして、データを分析することができます。

📁 練習▶68_売上管理表

## 1 ピボットテーブルとは？

「ピボットテーブル」とは、リスト形式の表から特定のフィールドを取り出し、集計を行うことで表の作成を行う機能です。データの構成を入れ替えたり、集計項目を絞り込むなどして、さまざまな視点からデータを分析することができます。

●リスト形式の表

●ピボットテーブル

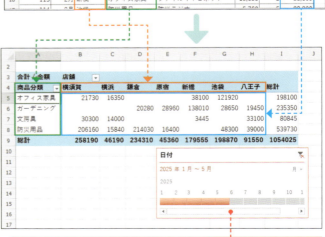

タイムラインを追加すると、絞り込みを視覚的に実行できます。

## ❷ ピボットテーブルを作成する

### 使用するデータ範囲を選択する

手順❸では、選択していたセルを含むリスト形式の表全体が自動的に選択されます。データの範囲を変更したい場合は、ワークシート上のデータ範囲をドラッグして指定し直します。

**1** ピボットテーブルのもとになる表内のセルをクリックして、[挿入] タブをクリックし、

**2** [ピボットテーブル]をクリックします。

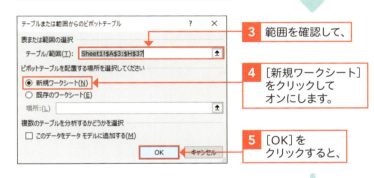

**3** 範囲を確認して、

**4** [新規ワークシート]をクリックしてオンにします。

**5** [OK]をクリックすると、

### ピボットテーブルのフィールドリスト

ピボットテーブルは、空のピボットテーブルのフィールドに、リスト内の各フィールドを配置することによって作成できます。[ピボットテーブルのフィールドリスト]からフィールドを配置するには、次の3つの方法があります。

① 表示するフィールド名をクリックしてオンにし、既定のエリアに追加したあとで、適宜移動する。
② フィールド名を右クリックして、追加したいエリアを指定する。
③ フィールドを目的のエリアにドラッグする。

[ピボットテーブルのフィールドリスト]が表示されていない場合は、[ピボットテーブル分析]タブをクリックして、[フィールドリスト]をクリックします。

**6** 新規のシートにフィールドが設定されていない空白のピボットテーブルが作成されます。

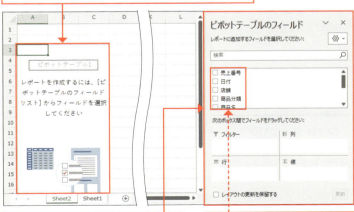

**7** [ピボットテーブルのフィールドリスト]が表示されます。

ここに、表の各フィールドが表示されます。

## ③ ピボットテーブルにフィールドを配置する

### 解説
**行エリア**

［行］エリア内のフィールドは、ピボットテーブルの縦方向に「行ラベル」として表示されます。右の手順では、最初にテキストデータのすべてのフィールドを［行］エリアに追加して、そのあとで各エリアに移動する、という方法でピボットテーブルを作成しています。

### 解説
**値エリア**

［値］エリア内のフィールドは、ピボットテーブルの集計の対象となり、集計結果がデータ範囲に表示されます。

### 解説
**列エリア**

［列］エリア内のフィールドは、ピボットテーブルの横方向に「列ラベル」として表示されます。

### 解説
**フィルターエリア**

［フィルター］エリア内のフィールドは、ピボットテーブルの上側に表示されます。フィルターの項目を切り替えて、項目ごとの集計結果を表示することができます。省略してもかまいません。

**1** 「商品分類」フィールドをクリックしてオンにすると、

**2** テキストデータのフィールドは［行］エリアに追加されます。

**3** 同様に、「店舗」と「金額」のフィールドをクリックしてオンにします。

**4** テキストデータのフィールドは［行］エリアに追加されます。

**5** 数値データのフィールドは［値］エリアに追加されます。

**6** 「店舗」を［列］エリアにドラッグして移動します。

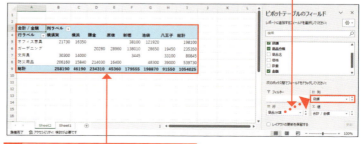

**7** ピボットテーブルが作成されます。

# ④ フィールドを入れ替える

解説

### フィールドを入れ替える

ピボットテーブルのフィールドを入れ替えると、異なる視点から集計した結果を表示することができます。ここでは、「店舗」で集計した表を「日付」で集計した表に変更しています。

**1** [列]エリアの「店舗」をボックスの外にドラッグして削除します。

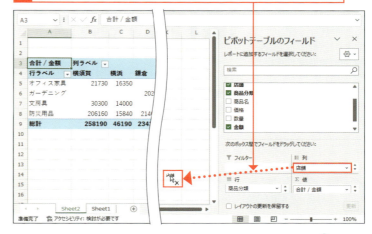

**2** 「日付」を[列]エリアにドラッグします。

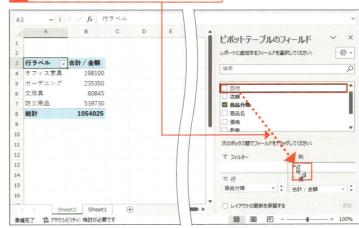

ヒント

### 作成もとのデータが変更された場合は？

ピボットテーブルの作成もとのデータが変更された場合は、ピボットテーブルに変更を反映させることができます。[ピボットテーブル分析]タブをクリックして、[更新]をクリックします。

**3** ピボットテーブルの構成が変更されます。

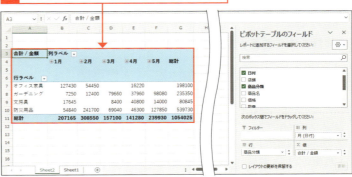

# Section 69 ピボットテーブルを操作しよう

**ここで学ぶこと**
・集計方法
・計算の種類
・値フィールドの設定

ピボットテーブルの**集計方法**は、合計以外にも個数や平均などがあります。また**計算の種類**も、総計や列集計／行集計に対する比率、昇順／降順での順位などで計算することができます。目的に応じて使い分けるとよいでしょう。

練習▶69_売上管理表

## 1 集計方法を変更する

### 解説
**作成しているピボットテーブル**

ここでは、[行]エリアに「商品分類」、[値]エリアに「数量」と「金額」を配置したピボットテーブルを使用しています。

### 解説
**集計方法を変更する**

ピボットテーブルでは、数量や合計などの数値データのフィールドを[値]エリアに配置すると、集計方法が自動的に「合計」に設定されています。ここでは、集計方法を「数量の合計」から「数量の個数」に変更しています。

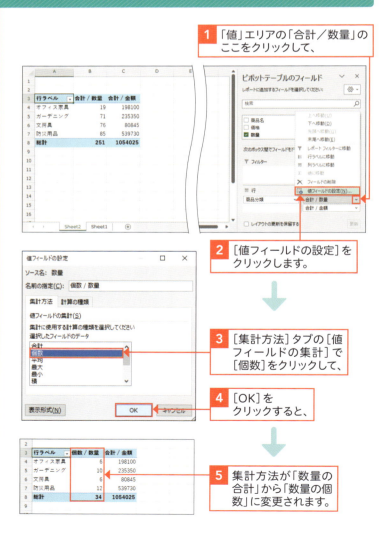

1 「値」エリアの「合計／数量」のここをクリックして、

2 [値フィールドの設定]をクリックします。

3 [集計方法]タブの[値フィールドの集計]で[個数]をクリックして、

4 [OK]をクリックすると、

5 集計方法が「数量の合計」から「数量の個数」に変更されます。

## ② 計算の種類を変更する

**計算の種類を変更する**

ここでは、商品分類ごとの売上金額の合計を売上構成比に変更しています。[値フィールドの設定] ダイアログボックスの [計算の種類] タブで、[計算の種類] から [列集計に対する比率] を選択すると、列の合計を100%としたときの売上の割合が表示されます。

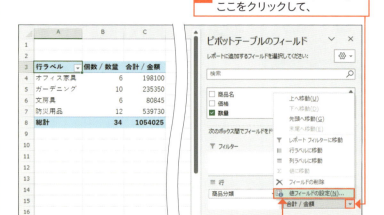

**1** 「値」エリアの「合計／金額」のここをクリックして、

**2** [値フィールドの設定] をクリックします。

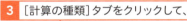

**3** [計算の種類] タブをクリックして、

**4** [計算の種類] で [列集計に対する比率] を選択します。

**5** [OK] をクリックすると、

**6** 計算の種類が「売上の割合」に変更されます。

**計算の種類**

[計算の種類] では、目的に合った計算方法を選択することができます。ここで選択した計算方法以外に、[行集計に対する比率] [総計に対する比率] [基準値に対する比率] [累計] など、さまざまな計算方法があります。

# Section 70 ピボットテーブルの集計期間を指定しよう

**ここで学ぶこと**
・タイムライン
・フィルターのクリア
・ピボットグラフ

ピボットテーブルには、日付を絞り込むための**タイムライン**を追加することができます。タイムラインを追加すると、クリックまたはドラッグするだけで集計期間をかんたんに指定することができます。

練習▶70_売上管理表

## 1 タイムラインを追加する

### 解説

**タイムラインを追加する**

「タイムライン」は、日付データを絞り込むことができる機能です。タイムラインを追加すると、年、四半期、月、日のいずれかの期間でデータを絞り込むことができます。なお、タイムラインを利用するには、日付として書式設定されているフィールドが必要です。

### ヒント

**タイムラインのサイズを変更する／削除する**

タイムラインの大きさを変更するには、タイムラインをクリックし、周囲に表示されるサイズ変更ハンドルをドラッグします。タイムラインを削除するには、タイムラインをクリックして Delete を押します。

1 ピボットテーブル内をクリックして、［ピボットテーブル分析］タブをクリックし、

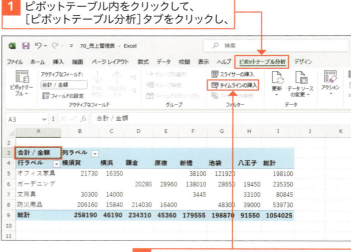

2 ［タイムラインの挿入］をクリックします。

3 タイムラインに利用する項目をクリックしてオンにし、

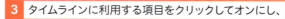

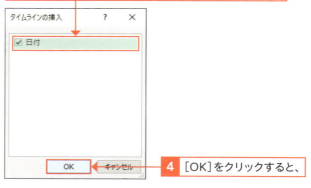

4 ［OK］をクリックすると、

**5** タイムラインが表示されます。

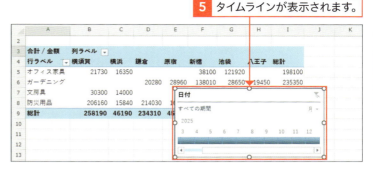

## ② 集計期間を指定する

### 解説

**集計期間を指定する**

タイムラインのバーをクリックあるいはドラッグすると、集計期間を絞り込むことができます。絞り込みを解除するには、タイムラインの右上にある［フィルターのクリア］をクリックします。

**1** 集計期間をクリックまたはドラッグすると、

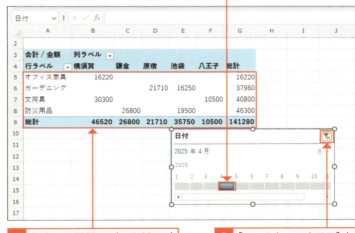

**2** 指定した期間のデータだけが表示されます。

**3** ［フィルターのクリア］をクリックすると、

**4** タイムラインによる絞り込みが解除されます。

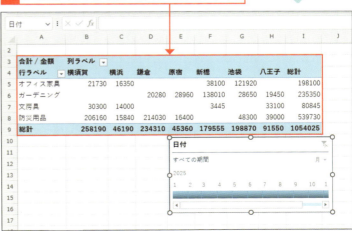

**補足　ピボットグラフを作成する**

ピボットテーブルの集計結果は、ピボットグラフとして表示することができます。グラフに表示される[フィールドボタン]を利用すると、表示データを絞り込んだり、並べ替えをしたりすることができます。また、ピボットグラフは、タイムラインの動作と連動させることもできます。タイムラインでデータを絞り込むと、グラフのデータにも反映されます。

**1** ピボットテーブル内をクリックして、[ピボットテーブル分析]タブをクリックし、

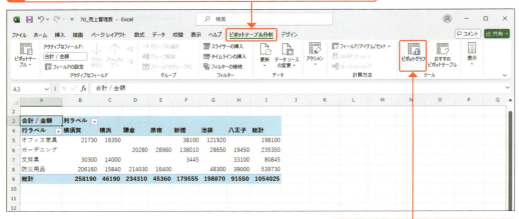

**2** [ピボットグラフ]をクリックします。

**3** グラフの種類を指定して（ここでは[縦棒]）、

**4** 目的のグラフをクリックします（ここでは[3-D積み上げ縦棒]）。

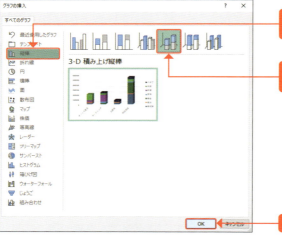

**5** [OK]をクリックすると、

**6** ピボットテーブルの集計結果がグラフ化されます。

フィールドボタンが表示されるので、ここからデータの絞り込みや並べ替えができます。

第 **9** 章

# シートやブックを使いこなそう

Section 71　シートを追加／削除しよう

Section 72　シートの名前を変更しよう

Section 73　シートをコピー／移動しよう

Section 74　複数のシートをまとめて編集しよう

Section 75　複数のシートをまとめて集計しよう

Section 76　ブックを並べて表示しよう

Section 77　シートを保護しよう

Section 78　ブックにパスワードを設定しよう

### この章で学ぶこと

# シートやブックの操作を知ろう

## ▶ シートとブック

### ●シート

「シート」は、Excelでさまざまな作業を行うためのスペースのことです。「ワークシート」とも呼ばれます。

シートの上でExcelの作業を行います。

### ●ブック

「ブック」は、1つあるいは複数のシートから構成されたExcelの文書（ドキュメント）のことです。1つのブックが、1つのファイルになります。

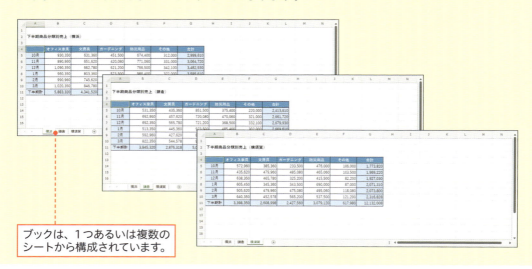

ブックは、1つあるいは複数のシートから構成されています。

9 シートやブックを使いこなそう

## シートやブックを操作する

### ●シートを操作する

新しく作成したブックには、1枚のシートが表示されています。シートは、必要に応じて追加したり、削除したりすることができます。また、シート名やシート見出しの色を変更したり、コピーや移動したりすることができます。

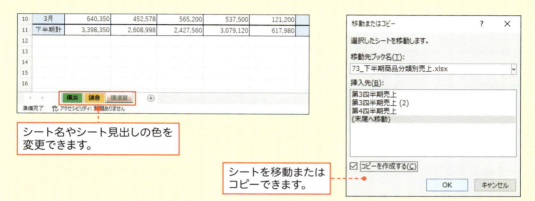

シート名やシート見出しの色を変更できます。

シートを移動またはコピーできます。

### ●シートを保護する

重要なデータが変更されたり削除されたりしないように、特定のシートをパスワード付き、またはパスワードなしで保護することができます。

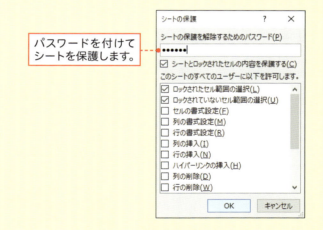

パスワードを付けてシートを保護します。

### ●ブックにパスワードを設定する

ブックを他人に勝手に見られたり変更されたりしないように、パスワードを設定することができます。

パスワードを入力しないと、ブックを開くことができないように設定します。

# Section 71 シートを追加／削除しよう

## ここで学ぶこと
- シートの追加
- シートの切り替え
- シートの削除

新しく作成したブックには、1枚のシートが表示されています。シートは、必要に応じて**追加**したり、不要になった場合は**削除**したりすることができます。ただし、すべてのシートを削除することはできません。

練習▶71_下半期商品分類別売上

## ① シートを追加する／切り替える

### 解説

**シートを追加する**

［新しいシート］をクリックすると、現在のシートの右側に新しいシートが追加されます。シート名は、「Sheet1」「Sheet2」のような仮の名前が付けられます。シート名は、あとから変更することができます（254ページ参照）。

1 ［新しいシート］をクリックすると、

2 新しいシートが追加されます。

3 このシート見出し（ここでは「Sheet1」）をクリックすると、

4 シートが「Sheet1」に切り替わります。

### ショートカットキー

**シートを切り替える**

- 次のシート
  [Ctrl] + [Page Down]
- 前のシート
  [Ctrl] + [Page Up]

## ② シートを削除する

解説

### シートを削除する

シートを削除するには、右の手順で操作します。シートにデータが入力されている場合は、削除してよいかを確認するメッセージが表示されます。ブックに含まれるすべてのシートを削除することはできません。

**1** 削除するシートのシート見出し（ここでは「Sheet2」）をクリックして、

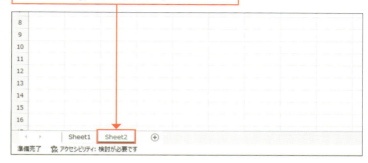

**2** ［ホーム］タブの［削除］のここをクリックし、

**3** ［シートの削除］をクリックします。

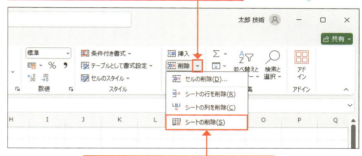

**4** 確認のメッセージが表示された場合は、

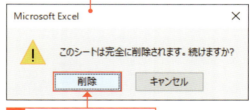

**5** ［削除］をクリックすると、

**6** シートが削除されます。

### ヒント

### シートを削除する そのほかの方法

右の手順のほかに、シート見出しを右クリックして、［削除］をクリックしてもシートを削除することができます。

# Section 72 シートの名前を変更しよう

### ここで学ぶこと
- シート見出し
- シート名の変更
- シート見出しの色

シートには、「Sheet1」「Sheet2」のような仮の名前が付いています。この**シート名は、わかりやすい名前に変更する**ことができます。**シート見出しに色を付けて区別する**こともできます。

練習▶72_下半期神奈川店舗別売上

## 1 シート名を変更する

### 解説

**シート名を変更する**

シート名を変更するには、右の手順で操作します。内容がわかりやすいような名前を付けるとよいでしょう。ただし、すでに存在するシートと同じ名前を付けることはできません。また、空白（なにも文字を入力しない状態）にすることはできません。

### ヒント

**シート名で使える文字**

シート名は半角／全角にかかわらず31文字まで入力できますが、半角／全角の「¥」「*」「?」「：」「'」「／」と半角の「[ ]」は使用できません。

**1** シート名を変更するシート見出しをダブルクリックすると、

**2** シート名が選択されます。

**3** シート名を入力して Enter を押すと、シート名が変更されます。

**4** 同様の方法で、シート名を変更します。

## ② シート見出しに色を付ける

### 解説

**シート見出しに色を付ける**

シート見出しに色を付けるには、右の手順で操作します。それぞれのシートを区別したいときや、特定のシートを目立たせたいときに利用するとよいでしょう。

### ヒント

**シート見出しの色を取り消すには**

シート見出しの色を取り消すには、色を取り消すシート見出しを右クリックして、[シート見出しの色]にマウスポインターを合わせ、[色なし]をクリックします。

**1** 色を付けるシート見出しを右クリックして、

**2** [シート見出しの色]にマウスポインターを合わせ、

**3** 色をクリックします。

**4** シートを切り替えると、シート見出しに色が付いたことを確認できます。

**5** 同様の方法で、シート見出しに色を付けます。

# Section 73 シートをコピー／移動しよう

**ここで学ぶこと**
- シートのコピー
- シートの移動
- ブック間のコピー／移動

複数のシートによく似た内容の表を作成する場合は、シートをコピーして編集すると効率的です。シートは、**同じブック内や、別のブック間でコピーしたり移動したり**することができます。

練習▶73_下半期商品分類別売上、73_下半期店舗別売上

## ① シートをコピーする

### 解説

**シートをコピーする**

同じブックの中でシートをコピーするには、Ctrl を押しながらシート見出しをドラッグします。コピー先に▼マークが表示されるので、コピーしたい位置でマウスから指を離します。コピーされたシート名には、もとのシート名の末尾に「(2)」「(3)」などの連続した番号が付きます。必要に応じてシート名を変更しましょう（254ページ参照）。

**1** コピーするシートのシート見出しをクリックしたままにして、

**2** Ctrl を押しながらコピー先にドラッグすると、

**3** コピー先に▼マークが表示されます。

**4** マウスから指を離すと、その位置にシートがコピーされます。

## ② シートを移動する

### 解説

**シートを移動する**

シートを移動するには、シート見出しをドラッグします。移動先に▼マークが表示されるので、移動したい位置でマウスから指を離します。

**1** 移動するシートのシート見出しにマウスポインターを移動して、

| | オフィス家具 | 文房具 | ガーデニング | 防災用品 | その他 | 合計 |
|---|---|---|---|---|---|---|
| 10月 | 531,350 | 435,360 | 851,500 | 375,400 | 220,000 | 2,413,610 |
| 11月 | 692,960 | 457,620 | 720,080 | 470,060 | 321,000 | 2,661,720 |
| 12月 | 692,350 | 565,780 | 721,200 | 368,500 | 332,100 | 2,679,930 |
| 合計 | 1,916,660 | 1,458,760 | 2,292,780 | 1,213,960 | 873,100 | 7,755,260 |

第3四半期商品分類別売上（横須賀）

| | オフィス家具 | 文房具 | ガーデニング | 防災用品 | その他 | 合計 |
|---|---|---|---|---|---|---|
| 10月 | 572,960 | 385,360 | 233,500 | 476,000 | 106,000 | 1,773,820 |
| 11月 | 435,620 | 479,960 | 485,080 | 465,060 | 103,500 | 1,969,220 |
| 12月 | 638,350 | 465,780 | 325,200 | 415,500 | 82,200 | 1,927,030 |
| 合計 | 1,646,930 | 1,381,100 | 1,043,780 | 1,356,560 | 291,700 | 5,670,070 |

第3四半期売上 ／ 第4四半期売上 ／ 第3四半期売上 (2)

**2** 移動先にドラッグすると、

| | オフィス家具 | 文房具 | ガーデニング | 防災用品 | その他 | 合計 |
|---|---|---|---|---|---|---|
| 1月 | 513,350 | 445,360 | 923,500 | 485,400 | 302,000 | 2,669,610 |
| 2月 | 592,960 | 427,620 | 890,080 | 490,060 | 323,000 | 2,723,720 |
| 3月 | 822,350 | 544,578 | 981,200 | 578,500 | 314,200 | 3,240,828 |
| 合計 | 1,928,660 | 1,417,558 | 2,794,780 | 1,553,960 | 939,200 | 8,634,158 |

第4四半期商品分類別売上（横須賀）

| | オフィス家具 | 文房具 | ガーデニング | 防災用品 | その他 | 合計 |
|---|---|---|---|---|---|---|
| 1月 | 605,450 | 345,360 | 343,500 | 690,000 | 87,000 | 2,071,310 |
| 2月 | 505,620 | 479,960 | 475,080 | 495,000 | 118,080 | 2,073,800 |
| 3月 | 640,350 | 452,578 | 565,200 | 537,500 | 121,200 | 2,316,828 |
| 合計 | 1,751,420 | 1,277,898 | 1,383,780 | 1,722,560 | 326,280 | 6,461,938 |

第3四半期売上 ／ 第4四半期売上 ／ 第3四半期売上 (2)

**3** 移動先に▼マークが表示されます。

**4** マウスから指を離すと、その位置にシートが移動します。

| | オフィス家具 | 文房具 | ガーデニング | 防災用品 | その他 | 合計 |
|---|---|---|---|---|---|---|
| 1月 | 513,350 | 445,360 | 923,500 | 485,400 | 302,000 | 2,669,610 |
| 2月 | 592,960 | 427,620 | 890,080 | 490,060 | 323,000 | 2,723,720 |
| 3月 | 822,350 | 544,578 | 981,200 | 578,500 | 314,200 | 3,240,828 |
| 合計 | 1,928,660 | 1,417,558 | 2,794,780 | 1,553,960 | 939,200 | 8,634,158 |

第4四半期商品分類別売上（横須賀）

| | オフィス家具 | 文房具 | ガーデニング | 防災用品 | その他 | 合計 |
|---|---|---|---|---|---|---|
| 1月 | 605,450 | 345,360 | 343,500 | 690,000 | 87,000 | 2,071,310 |
| 2月 | 505,620 | 479,960 | 475,080 | 495,000 | 118,080 | 2,073,800 |
| 3月 | 640,350 | 452,578 | 565,200 | 537,500 | 121,200 | 2,316,828 |
| 合計 | 1,751,420 | 1,277,898 | 1,383,780 | 1,722,560 | 326,280 | 6,461,938 |

第3四半期売上 ／ 第3四半期売上 (2) ／ 第4四半期売上

### ヒント

**複数のシートをコピーする／移動する**

複数のシートをまとめて移動したりコピーしたりするには、Ctrl を押しながら複数のシート見出しをクリックして選択したあと、いずれかのシート見出しをドラッグします。

## ③ ブック間でシートをコピーする

### 💬 解説

**ブック間でシートをコピーする**

ブック間でシートをコピーする場合は、手順④の［シートの移動またはコピー］ダイアログボックスで、コピー先のブックとシートを挿入する場所を指定して、［コピーを作成する］をオンにします。［コピーを作成する］をオンにすると、コピーもとのシートはそのまま残ります。

**1** コピーもと（73_下半期店舗別売上）と、コピー先（73_下半期商品分類別売上）のブックを開いておきます。

**2** コピーするシート見出しを右クリックして、

**3** ［移動またはコピー］をクリックします。

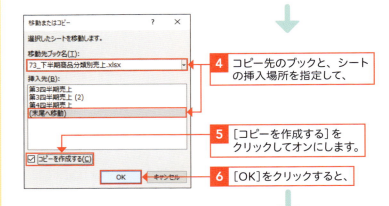

**4** コピー先のブックと、シートの挿入場所を指定して、

**5** ［コピーを作成する］をクリックしてオンにします。

**6** ［OK］をクリックすると、

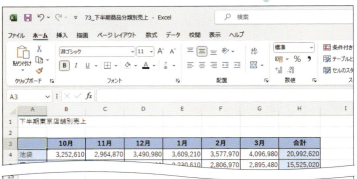

**7** 指定したブックの挿入場所に、シートがコピーされます。

## ④ ブック間でシートを移動する

### 解説

**ブック間でシートを移動する**

ブック間でシートを移動する場合は、手順④の[シートの移動またはコピー]ダイアログボックスで、移動先のブックとシートを挿入する場所を指定して、[コピーを作成する]をオフにします。[コピーを作成する]をオフにすると、移動もとのシートは削除されます。

1 移動もと（73_下半期店舗別売上）と、移動先（73_下半期商品分類別売上）のブックを開いておきます。

2 移動するシート見出しを右クリックして、

3 [移動またはコピー]をクリックします。

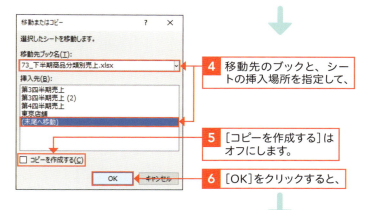

4 移動先のブックと、シートの挿入場所を指定して、

5 [コピーを作成する]はオフにします。

6 [OK]をクリックすると、

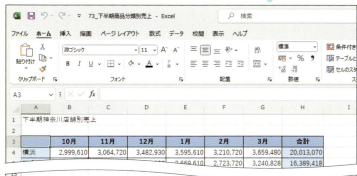

7 指定したブックの挿入場所に、シートが移動します。

# Section 74 複数のシートをまとめて編集しよう

**ここで学ぶこと**
・複数シートの選択
・シートのグループ化
・シートのグループ解除

複数のシートに同じ形式の表を作成したり、編集したりする場合は、**シートをグループ化**して操作すると効率的です。シートをグループ化すると、1つのシートに行った編集がグループに含まれるすべてのシートに反映されます。

練習▶74_下半期東京店舗別売上

## 1 シートをグループ化する

### 解説

**複数のシートを選択する**

Shift を押しながらシートをクリックすると、隣接する複数のシートを選択することができます。離れた位置にある複数のシートを選択する場合は、1つ目のシート見出しをクリックしたあと、Ctrl を押しながらそのほかのシート見出しをクリックします。

1 1つ目のシート見出しをクリックします。

2 Shift を押しながら、最後のシート見出しをクリックします。

タイトルバーに「グループ」と表示されます。

3 複数のシートが選択され、グループ化された状態になります。

## ❷ 複数のシートを編集する

### 💬 解説

**複数のシートを編集する**

シートをグループ化している状態でいずれかのシートを編集すると、1つのシートに行った編集がグループに含まれるすべてのシートに反映されます。

### 💡 ヒント

**シートのグループ化を解除する**

シートのグループ化を解除するには、グループ化しているシートのいずれかのシート見出しを右クリックして、[シートのグループ解除]をクリックします。同じブック内でグループ化していないシートがある場合は、そのシートをクリックしても、グループ化が解除されます。

**1** シートをグループ化します。

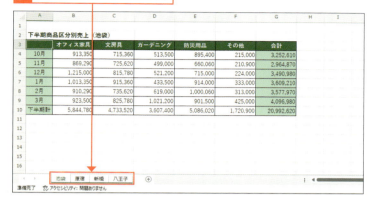

**2** いずれかのシートを編集します。ここでは、タイトルの下に行を追加しています。

**3** 左の「ヒント」の方法で、グループ化を解除します。

**4** 別のシートのシート見出しをクリックすると、

**5** 編集した内容がほかのシートにも反映されていることを確認できます。

# Section 75 複数のシートをまとめて集計しよう

### ここで学ぶこと
- 複数シートの集計
- 3-D参照
- 串刺し計算

複数シートにある表のデータを集計する場合は、**3-D参照**を使うとかんたんに求めることができます。3-D参照は、**複数シートの同じ位置にあるセルやセル範囲のデータを参照する**機能です。

練習▶75_第4四半期商品分類別売上

## 1 複数のシートをまたいだデータを集計する

### 解説

**3-D参照**

「3-D参照」は、複数シートの同じ位置にあるセルまたはセル範囲を参照する機能です。複数シートの同じ位置のセルを串で刺しているように見えることから「串刺し計算」とも呼ばれます。3-D参照は、同じ形式で作成された表の集計に利用できます。

### 補足

**ほかのシートやブックのセルを参照する**

ほかのシートやブックのセルを参照する場合は、参照もとのセルに「=」を入力してから、目的のシートやブックを表示して、参照したいセルをクリックします。ほかのシートのセルを参照した場合は、「=シート名!セル参照」(=池袋!B8)のような数式になります。
ほかのブックのセルを参照した場合は、「=[ブック名]シート名!セル参照」(=[第4四半期商品分類別売上.xlsx]池袋!$B$8)のような数式になります。

**1** 合計を表示するセルをクリックして、

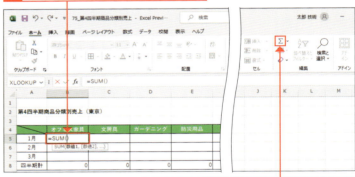

**2** [ホーム]タブの[オートSUM]をクリックします。

**3** 集計するシートの最初のシート見出しをクリックして、

**4** 集計するデータが入力されているセル(ここではセル[B5])をクリックします。

**補足**

**3-D 参照している
シートの移動と追加**

3-D 参照を使用した計算では、計算対象のシートを移動すると、計算結果にも影響がでます。たとえば、右の例で「原宿」を「八王子」のあとに移動すると、数式の結果から「原宿」のデータが除かれます。逆に、計算対象のシートの間に別のシートを追加すると、そのデータも集計されます。

**5** Shift を押しながら、集計するシートの最後のシート見出しをクリックして、

**6** Enter を押すと、複数シートのデータの合計が求められます。

**7** セル［B5］の数式を横方向にコピーします。

**8** 数式を縦方向にコピーします。

**時短**

**合計をまとめて求める**

右の手順では、対象のセルに数式をコピーしていますが、複数のセル範囲にまとめて合計を求めることもできます。手順 **1** で合計を表示するセル範囲［B5:F7］を選択したあと、手順 **2** 〜 **5** を実行し、手順 **6** で［オート SUM］をクリックするか、 Ctrl + Enter を押します。

# Section 76 ブックを並べて表示しよう

**ここで学ぶこと**
- ウィンドウの分割
- 並べて比較
- ウィンドウの整列

ウィンドウを**左右や上下に分割**すると、シート内の離れた部分を同時に比較することができます。また、**異なるブックや同じブック内の2つのシートを並べて表示**して、ブックやシートを比較しながら作業を行うことができます。

練習▶76_下半期店舗別売上、76_下半期商品分類別売上

## 1 ウィンドウを上下に分割する

### 解説

**ウィンドウを分割する**

ウィンドウを分割すると、それぞれのウィンドウを別々にスクロールすることができます。離れた位置のセル範囲を同時に見たいときに利用すると便利です。分割バーをドラッグすると、分割位置を移動することができます。ウィンドウの分割を解除するには、[表示]タブの[分割]を再度クリックするか、分割バーをダブルクリックします。

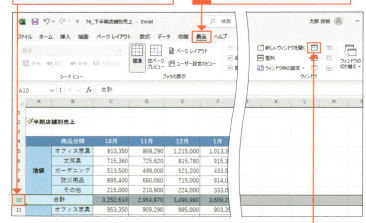

1 分割したい位置の下の行の行番号をクリックします。
2 [表示]タブをクリックして、
3 [分割]をクリックすると、
4 ウィンドウが指定した位置で上下に分割されます。分割位置には、分割バーが表示されます。

 **ヒント**

**ウィンドウを左右に分割する**

ウィンドウを左右に分割するには、分割したい位置の右の列をクリックして、[表示]タブの[分割]をクリックします。

## ② 複数のブックを左右に並べて表示する

### 解説
**複数のブックを並べて表示する**

複数のブックを並べて表示すると、並べたブックを同時にスクロールさせることができます。同時にスクロールされるのを解除したいときは、[表示]タブの[同時にスクロール]をクリックします。また、並んでいるウィンドウをもとのウィンドウに戻すには、[表示]タブの[並べて比較]を再度クリックします。

### 解説
**ブックを3つ以上開いている場合**

ここでは、2つのブックを開いて操作しましたが、ブックを3つ以上開いている場合は、手順❸のあとに[並べて比較]ダイアログボックスが表示されます。並べて比較したいブックをクリックして、[OK]をクリックします。

### ヒント
**ブックが並んで表示されない?**

[表示]タブの[並べて比較]をクリックしても、ブックが横に並んで表示されない場合は、266～267ページの手順❹～❼を実行します。

---

**1** 並べて表示したいブックを開いておきます。

**2** [表示]タブをクリックして、

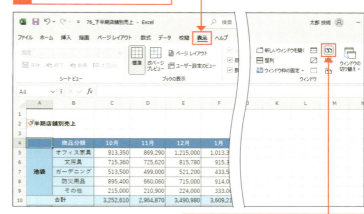

**3** [並べて比較]をクリックすると、

**4** 開いているブックが左右に並んで表示されます。

**5** 一方のブックをスクロールすると、もう片方のブックも同時にスクロールされます。

## ❸ 同じブック内のシートを左右に並べて表示する

### 💬 解説

**新しいウィンドウを開く**

同じブック内にある複数のシートを並べて表示するには、右の手順で新しいウィンドウを開いたあと、[表示]タブの[整列]をクリックして、整列方法を指定します。
なお、右の手順では、サンプルファイルの「76_下半期商品分類別売上」を使用して解説しています。

**1** [表示]タブをクリックして、

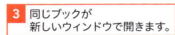  **2** [新しいウィンドウを開く]をクリックすると、

**3** 同じブックが新しいウィンドウで開きます。　ファイル名の後ろに「2」と表示されます。

**4** [表示]タブをクリックして、

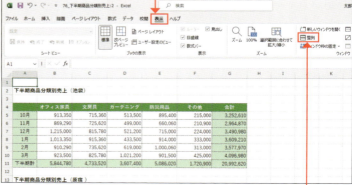

**5** [整列]をクリックします。

###  ヒント

**タイトルバーに表示される番号**

新しいウィンドウを開くと、タイトルバーに表示されるファイル名の後ろに「1」「2」などの番号が表示されます。この番号は、ウィンドウを区別するためのもので、ファイル名が変更されたわけではありません。

**ウィンドウを
1つだけ閉じるには？**

複数のウィンドウを並べて表示しているとき、いずれかのウィンドウを1つだけ閉じるには、そのウィンドウの［閉じる］❌をクリックします。

6 ［左右に並べて表示］をクリックしてオンにし、

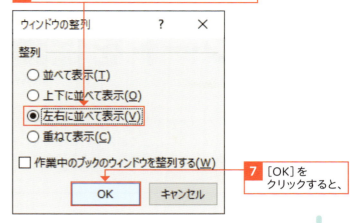

7 ［OK］をクリックすると、

8 2つのウィンドウが左右に並んで表示されます。

9 表示したいシートのシート見出しをクリックすると、

10 同じブック内の異なるシートを並べて表示させることができます。

**ブックを切り替える**

複数のブックを開いているときにブックを切り替えるには、［表示］タブの［ウィンドウの切り替え］をクリックし、切り替えたいブックをクリックします。

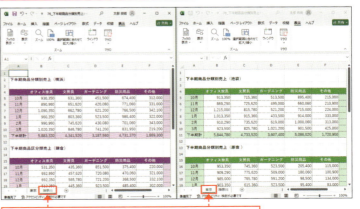

ウィンドウごとに異なるシートが表示されています。

267

# Section 77 シートを保護しよう

**ここで学ぶこと**
・範囲の編集の許可
・シートの保護
・保護の解除

データの内容を変更されたり、削除されたりしないように、**特定のシートやブックを保護する**ことができます。ここでは、特定のセル範囲だけを編集できるようにしてからシートを保護する方法を紹介します。

練習▶77_第4四半期東京店舗別売上

## 1 シートの保護とは？

「シートの保護」とは、シートやブックのデータが変更されたり、削除されたりしないように、特定のシートやブックをパスワード付き、またはパスワードなしで保護する機能のことです。

保護されたシートのデータは変更することができません。

特定のセル範囲に対して、データの編集を許可するように設定できます。

## 2 編集を許可するセル範囲を設定する

**解説**

**編集を許可するセル範囲の設定**

シートを保護すると、既定ではすべてのセルの編集ができなくなりますが、特定のセル範囲だけデータの編集を許可することもできます。ここでは、シートを保護する前に、データの編集を許可するセル範囲を指定します。

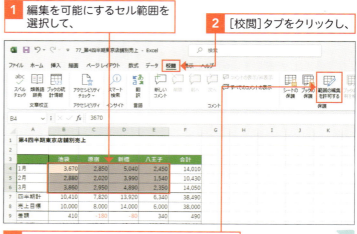

1 編集を可能にするセル範囲を選択して、
2 [校閲]タブをクリックし、
3 [範囲の編集を許可する]をクリックします。

### 解説

**セル範囲のタイトル／セル参照**

[新しい範囲]ダイアログボックスの[タイトル]には、編集を許可するセル範囲を簡潔に表す内容を入力します。[セル参照]には、手順1で選択した範囲が絶対参照で入力されます。セル範囲をあらかじめ指定せずに、シート上でドラッグして指定することもできます。

### 解説

**範囲パスワードの設定**

手順5で入力するパスワードは、指定した範囲のデータの編集を特定のユーザーに許可するためのパスワードです。編集が許可されたセルにデータを入力しようとすると、パスワードの入力が要求されます。なお、パスワードは省略することもできます。

### ヒント

**編集可能なセル範囲の設定を削除するには？**

編集を許可したセル範囲の設定を削除するには、[校閲]タブの[範囲の編集を許可する]をクリックして、[範囲の編集の許可]ダイアログボックスを表示し、セル範囲をクリックして[削除]をクリックします。

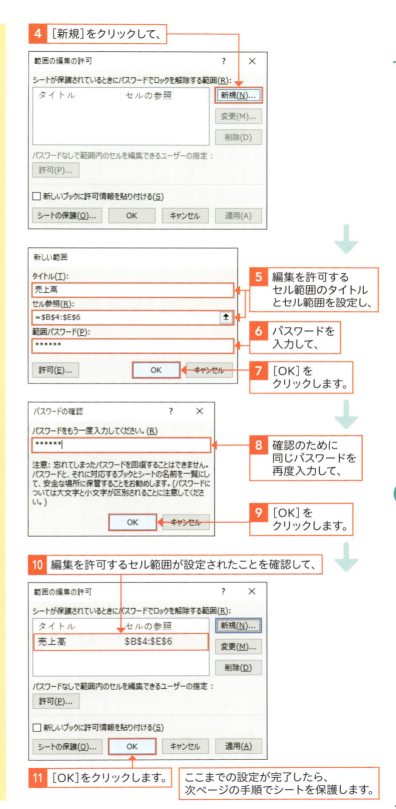

4 [新規]をクリックして、

5 編集を許可するセル範囲のタイトルとセル範囲を設定し、

6 パスワードを入力して、

7 [OK]をクリックします。

8 確認のために同じパスワードを再度入力して、

9 [OK]をクリックします。

10 編集を許可するセル範囲が設定されたことを確認して、

11 [OK]をクリックします。　ここまでの設定が完了したら、次ページの手順でシートを保護します。

## ③ シートを保護する

### シートを保護する

シートの保護を設定すると、セルに対する操作が制限され、手順❹で設定したパスワードを入力しない限り、データを編集できなくなります。セルに対して制限されるのは、手順❻で許可した以外のすべての操作です。

❶ 前ページで、データの編集を許可するセル範囲を設定しておきます。

❷ [校閲]タブをクリックして、

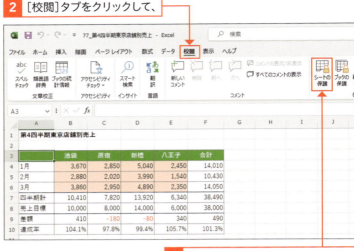

❸ [シートの保護]をクリックします。

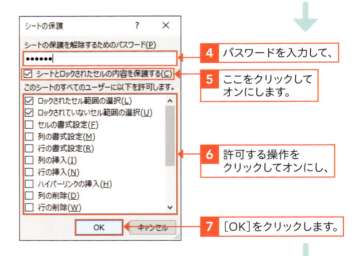

❹ パスワードを入力して、

❺ ここをクリックしてオンにします。

❻ 許可する操作をクリックしてオンにし、

❼ [OK]をクリックします。

❽ 確認のために同じパスワードを再度入力して、

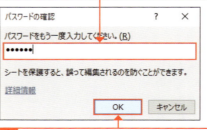

❾ [OK]をクリックすると、シートが保護されます。

### シートの保護を解除するパスワード

手順❹で入力するパスワードは、シートの保護を解除するためのパスワードです（次ページの「ヒント」参照）。このパスワードは、前ページの手順❻で入力したものとは異なるパスワードにすることをおすすめします。

## ④ 保護したシートを編集する

### 💡 ヒント

**シートの保護を解除するには？**

シートの保護を解除するには、[校閲] タブをクリックして、[シート保護の解除] をクリックします。手順④で設定したパスワードを入力して、[OK] をクリックします。

**1** [シート保護の解除] をクリックして、

**2** パスワードを入力し、

**3** [OK] をクリックします。

---

**1** 保護されたシートのデータを編集しようとすると、

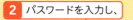

**2** メッセージが表示されて、データを編集することができません。

**3** [OK] をクリックして、編集を中止します。

**4** 編集が許可されたセルのデータを編集しようとすると、

**5** パスワードの入力が要求されます。

**6** 269ページで設定したパスワードを入力して、

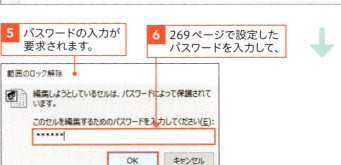

**7** [OK] をクリックすると、データを入力することができます。

# Section 78 ブックにパスワードを設定しよう

**ここで学ぶこと**
・読み取りパスワード
・書き込みパスワード
・読み取り専用

作成したブックを他の人に見られたり、変更されたりしないように、ブックに**パスワードを設定**することができます。パスワードには、**読み取りパスワード**と**書き込みパスワード**があります。

練習▶78_顧客名簿

## 1 ブックにパスワードを設定する

### 重要用語
**読み取りパスワード／書き込みパスワード**

ブックに設定できるパスワードには、「読み取りパスワード」と「書き込みパスワード」があります。ブックを開くことができないようにするには読み取りパスワードを、ブックを上書き保存することができないようにするには書き込みパスワードを設定します。

1 ［ファイル］タブをクリックして、［名前を付けて保存］をクリックし、
2 ［この PC］をクリックして、
3 ［ドキュメント］をクリックします。

### 解説
**書き込みパスワードを設定する**

右の手順では「読み取りパスワード」を設定していますが、「書き込みパスワード」を設定する場合は、手順❻で書き込みパスワードを入力します。読み取りパスワードと書き込みパスワードの両方を設定することもできます。

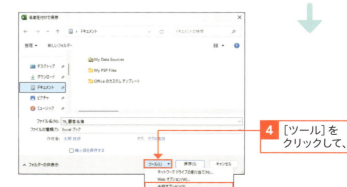

4 ［ツール］をクリックして、
5 ［全般オプション］をクリックします。

## パスワードを設定するそのほかの方法

パスワードを設定するには、ここで紹介した手順のほかに、[ファイル]タブから[情報]をクリックして、[ブックの保護]から[パスワードを使用して暗号化]をクリックする方法もあります。ただし、この方法で設定できるのは「読み取りパスワード」だけです。

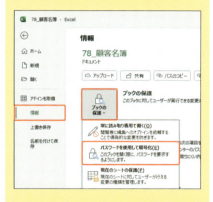

## パスワードを解除するには？

ブックに設定したパスワードを解除するには、パスワードが設定されたブックを開いて、左ページの方法で[全般オプション]ダイアログボックスを表示します。設定したパスワードを削除し、[OK]をクリックして保存し直すと、パスワードを解除できます。

**6** 読み取りパスワードを入力して、

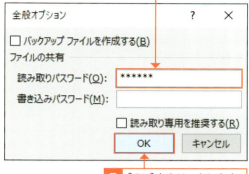

**7** [OK]をクリックします。

**8** 確認のために同じパスワードを再度入力して、

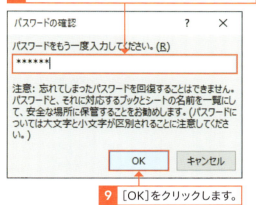

**9** [OK]をクリックします。

**10** ファイル名を入力、あるいは確認して、

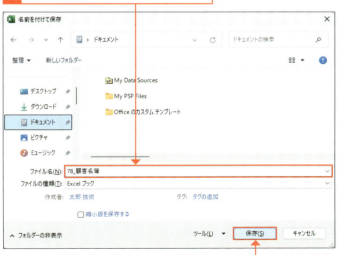

**11** [保存]をクリックすると、ブックにパスワードが設定されて保存されます。

## ② パスワードを設定したブックを開く

### 解説
**パスワードを設定したブックを開く**

パスワードを設定したブックを開くときは、前ページの手順6で設定したパスワードの入力が必要になります。正しいパスワードを入力しないと、ブックを開くことができないので注意が必要です。

1 [ファイル]タブをクリックして、[開く]をクリックし、

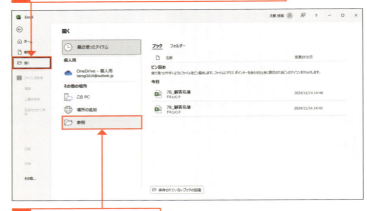

2 [参照]をクリックします。

3 ブックの保存先を指定して、

4 パスワードを設定したブックをクリックし、

5 [開く]をクリックします。

6 パスワードを入力して、

7 [OK]をクリックすると、

8 パスワードを設定したブックが開きます。

### ヒント
**書き込みパスワードを設定した場合**

ブックに書き込みパスワードを設定した場合は、ブックを開こうとすると、以下のようなダイアログボックスが表示されます。ブックを上書き保存可能な状態で開くには、設定した書き込みパスワードを入力して[OK]をクリックします。[読み取り専用]をクリックすると、読み取り専用で開くことができます。この場合は、パスワードの入力は必要ありません。

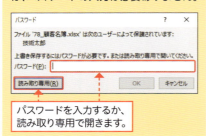

パスワードを入力するか、読み取り専用で開きます。

第 **10** 章

# 表を印刷しよう

Section 79　表を印刷しよう

Section 80　1ページに収めて印刷しよう

Section 81　印刷する範囲を指定しよう

Section 82　改ページの位置を変更しよう

Section 83　ヘッダー／フッターを追加しよう

Section 84　見出しを常に印刷しよう

Section 85　グラフだけを印刷しよう

## この章で学ぶこと

# 表の印刷を知ろう

## ▶ [印刷] 画面の機能

[ファイル]タブをクリックして[印刷]をクリックすると、下図の[印刷]画面が表示されます。この画面に、印刷プレビューやプリンターの設定、印刷内容に関する設定など、印刷を実行するための機能がすべてまとめられています。

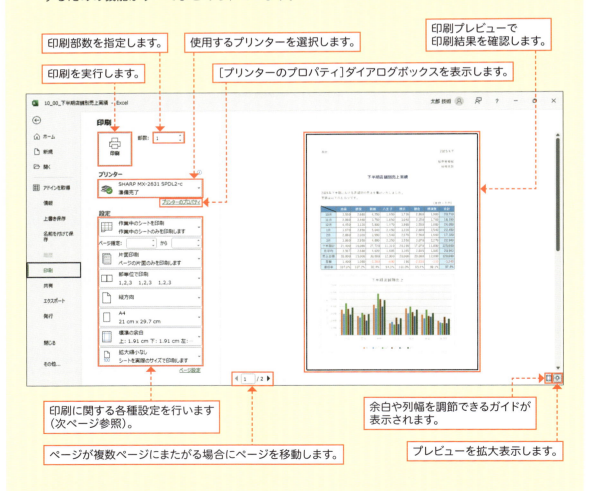

10 表を印刷しよう

## ▶ [印刷] 画面の印刷設定機能

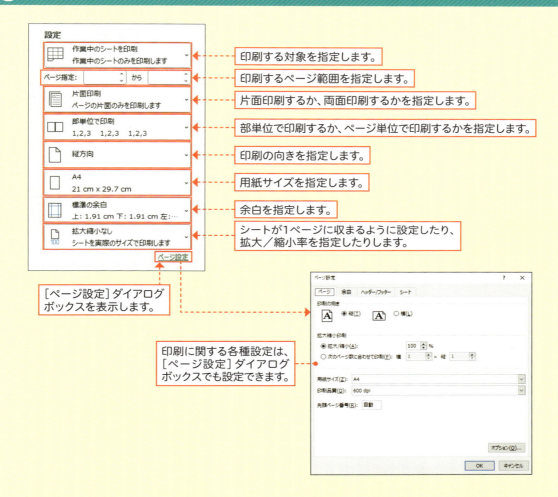

### ● [ページレイアウト] タブの利用

余白や印刷の向き、用紙サイズは、[ページレイアウト] タブの [ページ設定] グループでも設定できます。

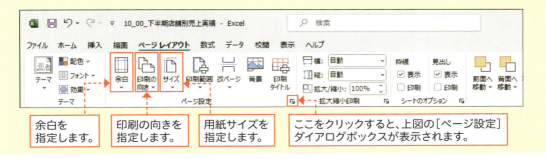

# Section 79 表を印刷しよう

**ここで学ぶこと**
- 印刷プレビュー
- ページ設定
- 印刷

表を印刷する前に、**印刷プレビューで印刷結果のイメージを確認**しておくと、意図したとおりの印刷が行えます。Excelでは、[印刷]画面で**印刷結果を確認しながら各種設定**が行えるので、効率的に印刷ができます。

練習▶79_下半期店舗別売上実績

## ① 印刷プレビューを表示する

### 解説
**プレビューの拡大／縮小を切り替える**

印刷プレビューの右下にある[ページに合わせる]をクリックすると、プレビューが拡大表示されます。再度クリックすると、縮小表示に戻ります。

ページに合わせる

### ショートカットキー
**[印刷]画面を表示する**

Ctrl + P

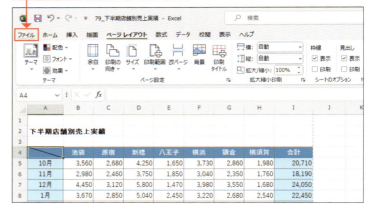

1 [ファイル]タブをクリックして、

2 [印刷]をクリックすると、

3 [印刷]画面が表示され、右側に印刷プレビューが表示されます。

## ② 印刷の向きや用紙サイズ、余白の設定を行う

 **解説**

### 印刷時の各種設定

実際の印刷を行う前に、印刷プレビューで印刷結果のイメージを確認し、必要に応じて印刷の向きや用紙サイズ、余白を設定します。Excelでは通常、印刷の向きは「縦方向」、用紙サイズは「A4」、余白は「標準の余白」に設定されています。

**1** ［印刷］画面を表示しています（前ページ参照）。

**2** ［作業中のシートを印刷］をクリックして、

**3** 印刷する対象を指定します。

**4** ［縦方向］をクリックして、

**5** 印刷の向き（ここでは［横方向］）を指定します。

 **解説**

### そのほかの印刷設定の方法

印刷設定は、右の手順のほか、［印刷］画面の下側にある［ページ設定］をクリックすると表示される［ページ設定］ダイアログボックス（277ページ参照）や、［ページレイアウト］タブの［ページ設定］グループのコマンドからも行うことができます。

これらのコマンドを利用します。

**6** ［A4］をクリックして、

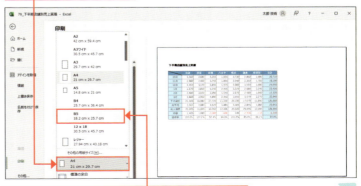

**7** 使用する用紙（ここでは［B5］）を指定します。

## シートの枠線を印刷するには？

通常、ユーザーが罫線を設定しなければ、表の罫線は印刷されません。罫線を設定していなくても、表に枠線を付けて印刷したい場合は、[ページレイアウト]タブの[枠線]の[表示]と[印刷]をクリックしてオンにし、印刷を行います。

[枠線]の[表示]と[印刷]をオンにして印刷します。

**8** [標準の余白]をクリックして、

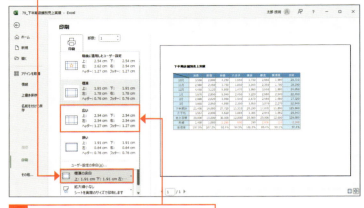

**9** 余白（ここでは[広い]）を指定します。

**10** 設定した内容が、印刷プレビューに反映されます。

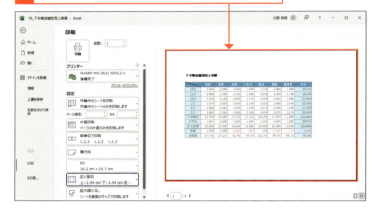

  **表を用紙の中央に印刷するには？**

表を用紙の左右中央に印刷する場合は、[ページ設定]ダイアログボックス（277ページ参照）の[余白]で設定します。[水平]をクリックしてオンにすると表を用紙の左右中央に、[垂直]をクリックしてオンにすると表を用紙の上下中央に印刷することができます。

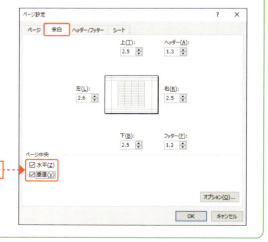

表を用紙の中央に印刷することができます。

## ③ 印刷を実行する

### 解説

**印刷を実行する**

各種設定が完了したら、[印刷]をクリックして印刷を実行します。プリンターの設定を変更する場合は、[プリンターのプロパティ]をクリックして、[プリンターのプロパティ]ダイアログボックスで変更します。

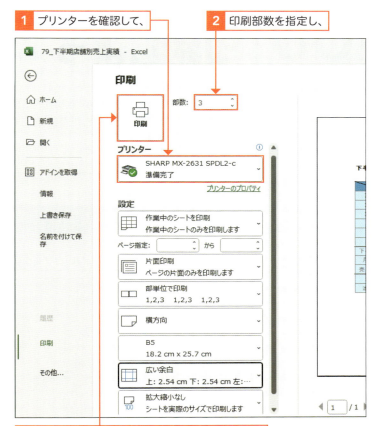

1 プリンターを確認して、

2 印刷部数を指定し、

3 [印刷]をクリックすると、印刷が実行されます。

---

### 応用技　印刷プレビューで余白の位置を設定する

印刷プレビューで[余白の表示]をクリックすると、余白やヘッダー／フッターの位置を示すガイド線が表示されます。ガイド線をドラッグすると、余白やヘッダー／フッターの位置を変更できます。

ガイド線をドラッグすると、余白の位置を変更できます。

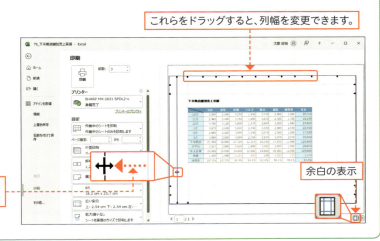

これらをドラッグすると、列幅を変更できます。

余白の表示

# Section 80 1ページに収めて印刷しよう

**ここで学ぶこと**
- 拡大縮小
- 余白
- ページ設定

表を印刷したとき、列や行が次の用紙にはみ出してしまう場合があります。このような場合は、**シートを縮小**したり、**余白を調整**したりすることで1枚の用紙に収めることができます。

練習▶80_下半期店舗別売上

## 1 印刷プレビューで確認する

### 解説
**印刷状態を確認する**

表が1ページに収まっているかどうかは、印刷プレビューを表示すると確認できます。印刷プレビューの左下にある［次のページ］をクリックすると、分割されているページが確認できます。

### ヒント
**複数ページのイメージを確認するには？**

表の印刷が複数ページにまたがる場合は、印刷プレビューの左下にある［次のページ］、［前のページ］をクリックすると、次ページや前ページの印刷イメージを確認できます。

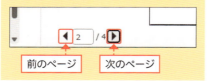
前のページ　次のページ

**1** ［ファイル］タブをクリックして、［印刷］をクリックします。

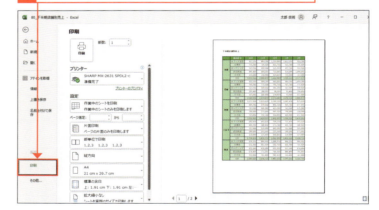

**2** ［次のページ］をクリックすると、

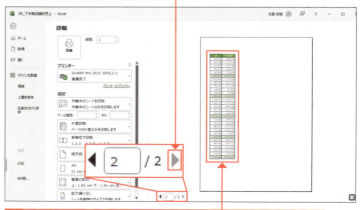

**3** 表の右側が2ページ目にはみ出していることが確認できます。

## ❷ はみ出した表を1ページに収める

### 🗨 解説

**表を1ページに収める**

表の列や行が用紙からはみ出してしまう場合は、表を縮小してページ内に収めることができます。ここでは、列幅が1ページに収まるように設定しましたが、行が下にはみ出す場合は［すべての行を1ページに印刷］を、行と列の両方がはみ出す場合は［シートを1ページに印刷］をクリックします。

**1** ［拡大縮小なし］をクリックして、

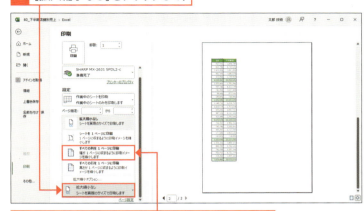

**2** ［すべての列を1ページに印刷］をクリックすると、

**3** 表が1ページに収まるように縮小されます。

### ✏ 補足

**拡大／縮小率を指定する**

表の拡大率や縮小率を指定して印刷することもできます。［ページ設定］ダイアログボックス（277ページ参照）の［ページ］で［拡大／縮小］をクリックしてオンにし、拡大率や縮小率を指定します。

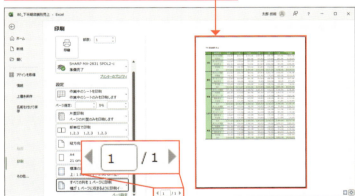

### ✏ 補足　余白を調整して1ページに収める

はみ出した量によっては、余白を調整することで1ページに収めることもできます。［印刷］画面で［標準の余白］をクリックして、［狭い］をクリックします（280ページ参照）。また、［ページ設定］ダイアログボックス（277ページ参照）の［余白］を利用すると、余白を細かく設定することができます。

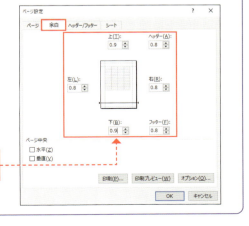

余白を調整することで、
1ページに収めることもできます。

# Section 81 印刷する範囲を指定しよう

### ここで学ぶこと
・印刷範囲の設定
・印刷範囲のクリア
・選択した範囲を印刷

表の一部分だけを印刷したい場合、方法は2つあります。常に同じ部分を印刷したい場合は、**印刷範囲を設定**します。選択したセル範囲を一度だけ印刷したい場合は、**[選択した部分を印刷]** を指定して印刷を行います。

練習▶81_下半期商品分類別売上

## 1 印刷範囲を設定する

### 解説
**印刷範囲を設定する**

印刷範囲を設定すると、常に指定したセル範囲だけが印刷されるようになります。いつも同じ範囲を印刷したいときは、印刷範囲を設定しておくとよいでしょう。

### ヒント
**印刷範囲を解除するには？**

設定した印刷範囲を解除するには、[印刷範囲]をクリックして、[印刷範囲のクリア]をクリックします。

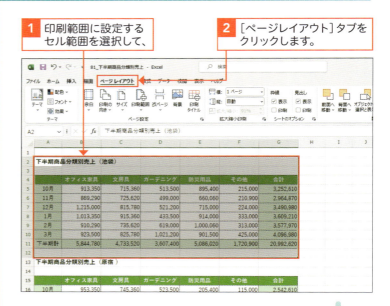

1 印刷範囲に設定するセル範囲を選択して、
2 [ページレイアウト]タブをクリックします。

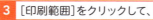

3 [印刷範囲]をクリックして、

4 [印刷範囲の設定]をクリックします。

5 印刷範囲が設定されます。　設定されているセル範囲に、グレーの線が表示されます。

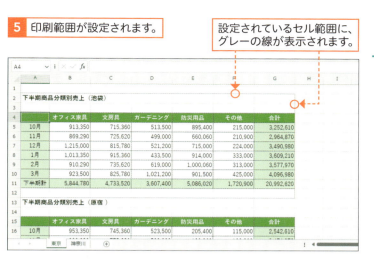

## ② 選択した範囲を印刷する

### 💬 解説

**選択した範囲を印刷する**

選択したセル範囲を一度だけ印刷したいときは、右のように[印刷]画面で[選択した部分を印刷]を指定して印刷を行います。

1 印刷したいセル範囲を選択して、

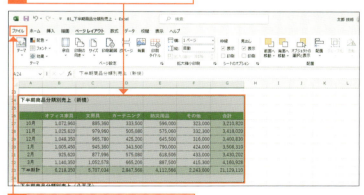

2 [ファイル]タブをクリックします。

3 [印刷]をクリックして、　　4 [作業中のシートを印刷]をクリックし、

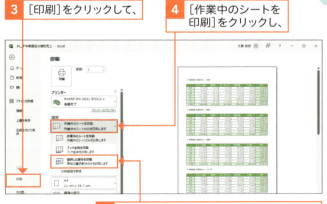

5 [選択した部分を印刷]をクリックすると、選択した範囲だけが印刷されます。

# Section 82 改ページの位置を変更しよう

**ここで学ぶこと**
・改ページプレビュー
・改ページ位置
・標準ビュー

サイズの大きい表を印刷すると、自動的にページが分割されますが、区切りのよい位置で改ページされるとは限りません。このようなときは、**改ページプレビュー**を利用して、**目的の位置で改ページされるように設定**します。

練習▶82_下半期店舗別売上

## 1 改ページプレビューを表示する

### 解説

**改ページプレビュー**

改ページプレビューでは、ページ番号や改ページ位置がシート上に表示されるので、どのページに何が印刷されるかを確認することができます。そのため、印刷するイメージを確認しながらセルのデータを編集することが可能です。

**1** [表示]タブをクリックして、

**2** [改ページプレビュー]をクリックすると、

**3** 改ページプレビューが表示されます。

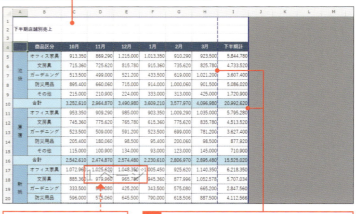

ワークシート上に、ページ番号が表示されます。

**4** 印刷される領域が青い太枠で囲まれ、改ページ位置に破線が表示されます。

### ヒント

**改ページプレビューの表示**

改ページプレビューは、右の手順のほかに、画面の右下にある[改ページプレビュー]をクリックしても表示できます。

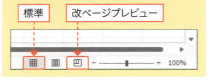

## ② 改ページ位置を調整する

### 解説

**改ページ位置を示す線**

ユーザーが改ページ位置を指定していない場合、改ページプレビューには、自動的に設定された改ページ位置が青い破線で表示されます。改ページ位置を指定すると、改ページ位置が青い太線で表示されます。

**1** 改ページ位置を示す縦の青い破線にマウスポインターを合わせ、

**2** ドラッグして改ページの位置を調整します。

**3** 改ページ位置を示す横の青い破線にマウスポインターを合わせ、

**4** ドラッグして改ページの位置を調整します。

**5** 変更した改ページ位置が、青い太線で表示されます。

### ヒント

**画面表示を標準ビューに戻すには？**

改ページプレビューから標準の画面表示（標準ビュー）に戻すには、［表示］タブの［標準］をクリックするか、画面右下にある［標準］ をクリックします。

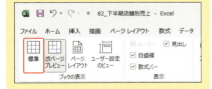

# Section 83 ヘッダー／フッターを追加しよう

**ここで学ぶこと**
・ヘッダー
・フッター
・ページレイアウト

すべてのページの上部や下部にファイル名やページ番号などの情報を印刷したいときは、ヘッダーやフッターを追加します。**シートの上部余白に印刷される情報をヘッダー、下部余白に印刷される情報をフッター**といいます。

📁 練習▶83_下半期商品分類別売上

## 1 ヘッダーにファイル名を表示する

### 💬 解説

**ヘッダー／フッターを表示する**

すべてのページに同じ内容を印刷したいときは、ヘッダーやフッターを設定します。「ヘッダー」はシートの上部余白に印刷される情報、「フッター」は下部余白に印刷される情報のことをいいます。

**1** ［表示］タブをクリックして、

**2** ［ページレイアウト］をクリックし、

**3** ヘッダーを表示するエリアをクリックします。

### 💡 ヒント

**ヘッダー／フッターの挿入場所を変更するには？**

手順**3**では、右側のエリアをクリックして余白の右側にヘッダーを表示しました。余白の左側や中央に表示したいときは、それぞれのエリアをクリックします。

## 補足
### 定義済みの
### ヘッダー／フッターの設定

あらかじめ用意された定義済みのヘッダーやフッターを設定することもできます。[ヘッダーとフッター]タブの[ヘッダー]や[フッター]をクリックして、表示される一覧から設定します。

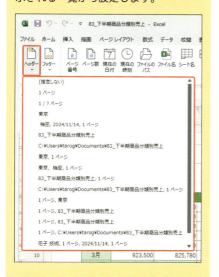

**ヒント**

**画面表示を標準ビューに戻すには？**

画面をページレイアウトから標準ビューに戻すには、[表示]タブの[標準]をクリックするか、画面の右下にある[標準]をクリックします。なお、カーソルがヘッダーあるいはフッター領域にある場合、[表示]タブの[標準]コマンドは選択できません。

4 [ヘッダーとフッター]タブをクリックして、

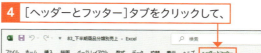

5 [ファイル名]をクリックすると、

6 「&[ファイル名]」と挿入されます。

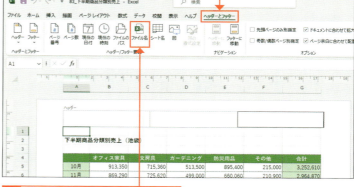

7 ヘッダーエリア以外の部分をクリックすると、

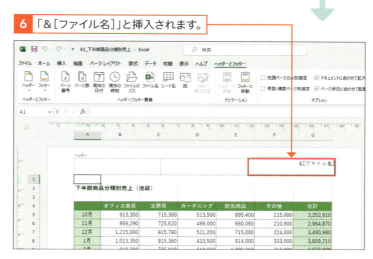

8 実際のファイル名が表示されます。

## ② フッターにページ番号と総ページ数を表示する

### 解説

**ページ数のみを表示する**

ここではフッターに、ページ番号と総ページ数を表示しました。ページ数のみを表示する場合、手順 7 ～ 9 の操作は不要です。

**先頭ページに番号を付けたくない場合は？**

先頭ページにページ番号を付けたくない場合は、[ヘッダとフッター]タブの[オプション]グループで、[先頭ページのみ別指定]をクリックしてオンにします。

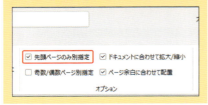

1 [表示]タブをクリックして、

2 [ページレイアウト]をクリックします。

3 画面を下にスクロールして、フッターを表示するエリアをクリックし、

4 [ヘッダーとフッター]タブをクリックします。

5 [ページ番号]をクリックすると、

6 「&[ページ番号]」と挿入されます。

**補足**

**[ページ設定]ダイアログボックスを利用する**

ヘッダー/フッターは、[ページ設定]ダイアログボックス(277ページ参照)の[ヘッダー/フッター]を利用して設定することもできます。また、[余白]を利用すると、ヘッダーやフッターの印刷位置を指定することができます。

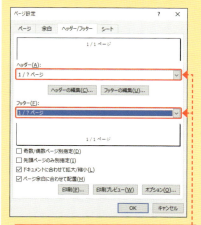

[ヘッダー]や[フッター]をクリックして、要素を指定します。

**ヘッダーやフッターに設定できる項目**

ヘッダーやフッターは、[ヘッダーとフッター]タブにあるそれぞれのコマンドを使って設定できます。任意の文字や数値を直接入力することもできます。

---

**7** 「&[ページ番号]」のうしろに「/」と入力して、

**8** [ヘッダーとフッター]タブの[ページ数]をクリックします。

**9** 「&[ページ番号]/[総ページ数]」と挿入されます。

**10** フッターエリア以外の部分をクリックすると、

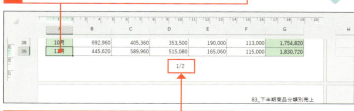

**11** ページ番号と総ページ数が表示されます。

**12** [ファイル]タブをクリックして[印刷]をクリックすると、

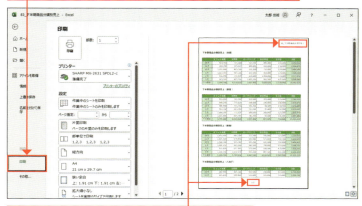

**13** 設定したヘッダーやフッターを確認できます。

# Section 84 見出しを常に印刷しよう

## ここで学ぶこと
- 印刷タイトル
- タイトル行
- タイトル列

縦長または横長の表を作成したとき、そのまま印刷すると2ページ目以降には行や列の見出しが表示されないため、わかりにくくなります。このような場合は、**すべてのページに行や列の見出しが印刷されるように設定**するとよいでしょう。

練習 ▶ 84_顧客名簿

## ① 印刷タイトルを設定する

### 解説

**印刷タイトルの設定**

行見出しや列見出しを印刷タイトルとして利用するには、右の手順で[ページ設定]ダイアログボックスの[シート]を表示して、[タイトル行]に目的の行を指定します。

### ヒント

**タイトル列を設定するには？**

タイトル列を設定する場合は、手順❸で[タイトル列]のボックスをクリックして、見出しに設定したい列を指定します。

見出しにしたい列を指定します。

1 [ページレイアウト]タブをクリックして、

2 [印刷タイトル]をクリックし、

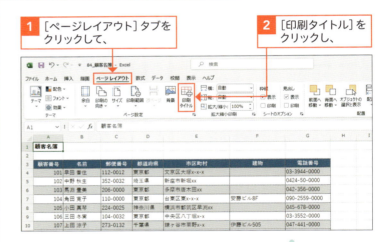

3 [タイトル行]のボックスをクリックします。

### [ページ設定]ダイアログボックスが邪魔な場合は？

[ページ設定]ダイアログボックスが邪魔で、見出しにしたい行を指定しづらい場合は、ダイアログボックスのタイトルバーをドラッグすると、移動できます。

**4** 見出しにしたい行の行番号をドラッグすると、

ドラッグ中は、ダイアログボックスが折りたたまれます。

**5** タイトル行が指定されます。

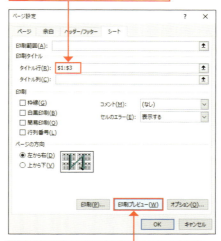

**6** [印刷プレビュー]をクリックして、

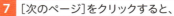

**7** [次のページ]をクリックすると、

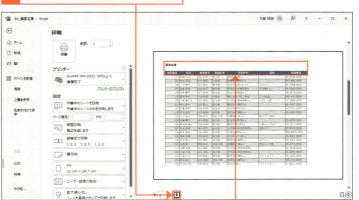

**8** 2ページ目以降にも見出しが付いていることを確認できます。

### 行番号や列番号を印刷する

Excelの標準設定では、画面に表示されている行番号や列番号は印刷されません。行番号や列番号を印刷したい場合は、[ページレイアウト]タブの[見出し]の[印刷]をクリックしてオンにし、印刷を行います。

[見出し]の[印刷]をオンにして印刷します。

# Section 85 グラフだけを印刷しよう

### ここで学ぶこと
- グラフの選択
- グラフエリア
- 印刷

表のデータをもとにグラフを作成すると、グラフは表と同じワークシートに作成されます。そのまま印刷すると、表とグラフがいっしょに印刷されます。**グラフだけを印刷したい**場合は、**グラフを選択してから印刷**を実行します。

練習▶85_第4四半期東京店舗別売上

## 1 グラフを印刷する

### 解説
**グラフだけを印刷する**

グラフのもとになった表とグラフをいっしょに印刷するのではなく、グラフだけを印刷したい場合は、グラフを選択してから印刷を実行します。

1 グラフエリアの何もないところをクリックして、グラフを選択します。

2 [ファイル]タブをクリックして、

3 [印刷]をクリックします。

4 グラフがプレビュー表示されるので、印刷の向きや用紙、余白などを必要に応じて設定し、

### 解説
**印刷の向きや用紙、余白の設定**

グラフを選択して[印刷]画面を表示すると、通常はグラフのサイズに適した用紙が選択され、グラフが用紙いっぱいに印刷されるように拡大されます。必要に応じて、用紙や印刷の向き、余白などを設定するとよいでしょう。

5 [印刷]をクリックします。

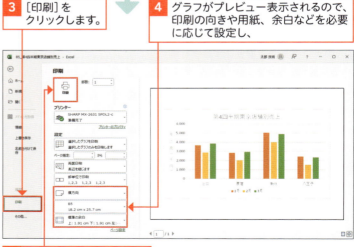

# 第11章

# Excelを
# もっと便利に使おう

Section 86　間違えた操作を取り消そう
Section 87　画面表示を拡大しよう
Section 88　クイックアクセスツールバーを利用しよう
Section 89　セルにメモを付けよう
Section 90　データを検索しよう
Section 91　データを置換しよう
Section 92　行や列を非表示にしよう
Section 93　表に図形を挿入しよう
Section 94　表に画像を挿入しよう
Section 95　入力規則を設定しよう
Section 96　PDF形式で保存しよう
Section 97　OneDriveを利用しよう

# Section 86 間違えた操作を取り消そう

## ここで学ぶこと
- 元に戻す
- やり直し
- 複数の操作をまとめて戻す

操作を間違えてデータを削除したり、移動したりしてしまった場合は、**操作をもとに戻したり、やり直したり**することができます。直前の操作だけでなく、複数の操作をまとめてもとに戻すこともできます。

練習▶86_第4四半期東京店舗別売上

## 1 操作をもとに戻す

### 解説

**操作をもとに戻す**

クイックアクセスツールバーの[元に戻す]をクリックすると、直前に行った操作を最大100ステップまで取り消すことができます。ただし、ファイルをいったん終了すると、もとに戻すことはできなくなります。

**1** セル範囲を選択して、

**2** Delete を押して削除します。

**3** [元に戻す]をクリックすると、

### ヒント
**複数の操作をまとめてもとに戻す**

直前の操作だけでなく、複数の操作をまとめて取り消すこともできます。[元に戻す]🔄の▼をクリックし、表示される一覧から戻したい操作を選択します。やり直す場合も、同様の操作が行えます。

**4** 直前に行った操作（データの削除）が取り消されます。

## ② 操作をやり直す

### 解説
**操作をやり直す**

クイックアクセスツールバーの[やり直し]をクリックすると、取り消した操作をやり直すことができます。ただし、ファイルをいったん終了すると、やり直すことはできなくなります。

**1** [やり直し]をクリックすると、

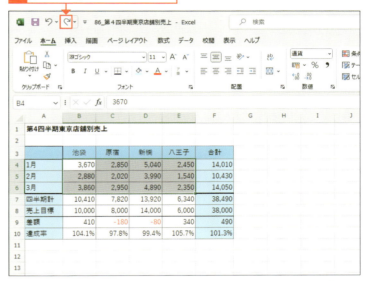

**2** 取り消した操作がやり直され、データが削除されます。

### ショートカットキー
**元に戻すとやり直し**

● 元に戻す
[Ctrl] + [Z]

● やり直し
[Ctrl] + [Y]

# Section 87 画面表示を拡大しよう

### ここで学ぶこと
- 表示倍率
- ズームスライダー
- ズーム

表の文字が小さすぎて読みにくい場合や、表が大きすぎて全体を把握できない場合は、画面右下の**ズームスライダー**や**[表示]タブの[ズーム]**を利用して、画面の**表示倍率を変更**することができます。

練習▶87_下半期商品分類別売上

## 1 画面を拡大/縮小表示する

### 解説
**画面を拡大/縮小表示する**

[ズームスライダー]を左方向にドラッグすると、画面が縮小表示されます。右方向にドラッグすると、拡大表示されます。左右にある[拡大]+[縮小]−をクリックしても、拡大/縮小されます。

1 [ズームスライダー]を左方向にドラッグすると、

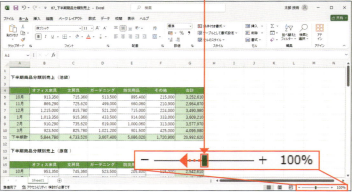

2 表が縮小表示されます。

### ヒント
**標準の倍率に戻すには？**

画面の表示倍率を標準の100%に戻すには、[表示]タブの[100%]をクリックします。

## ❷ 選択したセル範囲をウィンドウ全体に表示する

**[ズーム]ダイアログボックスを利用する**

画面の表示倍率は、[表示]タブの[ズーム]をクリックし、表示される[ズーム]ダイアログボックスを利用して変更することもできます。

ここで倍率を指定します。

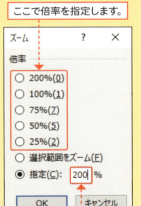

10～400の数値を直接入力することもできます。

**1** 拡大表示したいセル範囲を選択します。

**2** [表示]タブをクリックして、

**3** [選択範囲に合わせて拡大／縮小]をクリックすると、

**4** 選択したセル範囲が、画面全体に表示されます。

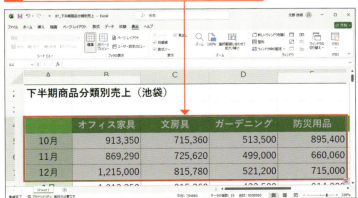

# Section 88 クイックアクセスツールバーを利用しよう

**ここで学ぶこと**
・クイックアクセスツールバー
・コマンドの追加
・リボンの下に表示

クイックアクセスツールバーには、必要に応じてコマンドを追加することができます。よく使うコマンドを登録しておくと、タブを切り替えることなく必要な機能を呼び出すことができます。

練習▶ファイルなし

## 1 クイックアクセスツールバーにコマンドを追加する

### 重要用語
**クイックアクセスツールバー**

「クイックアクセスツールバー」は、よく使用する機能をコマンドとして登録しておくことができる領域です。

### 解説
**初期設定のコマンド**

初期の状態では、クイックアクセスツールバーに以下の3つのコマンドが配置されています。また、タッチスクリーンに対応したパソコンの場合は、以下に加えて[タッチ/マウスモードの切り替え]が配置されています。

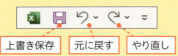

**1** [クイックアクセスツールバーのユーザー設定]をクリックして、

**2** 追加したいコマンド(ここでは[クイック印刷])をクリックすると、

**3** クイックアクセスツールバーに[クイック印刷]コマンドが追加されます。

### ヒント タブに表示されているコマンドを追加する

タブに表示されているコマンドの場合は、追加したいコマンドを右クリックして、[クイックアクセスツールバーに追加]をクリックすると追加できます。

## ② メニューやタブに表示されていないコマンドを追加する

 **補足**

**クイックアクセスツールバーを移動する**

手順2で[リボンの下に表示]をクリックすると、クイックアクセスツールバーがリボンの下に表示されます。もとの位置に戻すには、[クイックアクセスツールバーのユーザー設定]をクリックして、[リボンの上に表示]をクリックします。

**1** [クイックアクセスツールバーのユーザー設定]をクリックして、

左の「補足」参照　　　**2** [その他のコマンド]をクリックします。

**3** ここをクリックして、　　**4** [すべてのコマンド]をクリックします。

**5** 追加したいコマンド（ここでは[繰り返し]）をクリックして、　　**6** [追加]をクリックし、

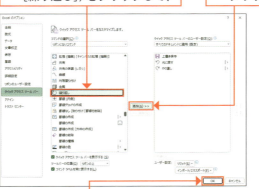

 **ヒント**

**コマンドを削除するには？**

クイックアクセスツールバーに追加したコマンドを削除するには、コマンドを右クリックして、[クイックアクセスツールバーから削除]をクリックします。

**7** [OK]をクリックすると、　　**8** クイックアクセスツールバーに[繰り返し]コマンドが追加されます。

# Section 89 セルにメモを付けよう

**ここで学ぶこと**
・メモ
・新しいメモ
・メモの削除

セルに入力されている<u>データとは別に、確認事項や補足事項などを残しておきたい</u>ときは、**メモ**機能を利用すると便利です。メモは、表示／非表示を切り替えることができます。

練習 ▶ 89_新店舗オープンセール

## 1 セルにメモを付ける

### 重要用語

**メモ**

「メモ」は、セルにメモを追加する機能です。メモを利用すると、表の内容に影響を与えずにかんたんな説明文を付けることができます。メモを追加したセルには、右上に赤い三角マークが表示されます。

### 補足

**画面の表示が異なる場合**

お使いのExcelのバージョンによっては、画面の表示が異なる場合があります。その場合は、手順❸で[新しいコメント]をクリックすると、手順❹の枠が表示されます。
また、コメントの表示／非表示は[校閲]タブの[コメントの表示／非表示]あるいは[すべてのコメントの表示]で切り替えます。コメントを編集する場合は、[校閲]タブの[コメントの編集]をクリックします。

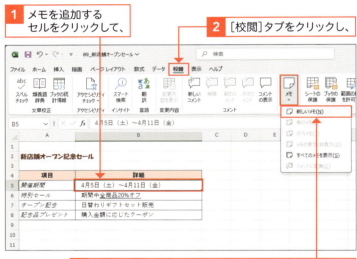

❶ メモを追加するセルをクリックして、
❷ [校閲]タブをクリックし、
❸ [メモ]をクリックして、[新しいメモ]をクリックします。

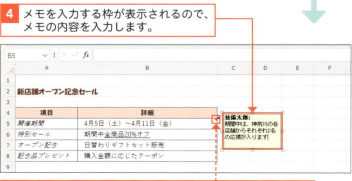

❹ メモを入力する枠が表示されるので、メモの内容を入力します。

メモを付けたセルの右上には、赤い三角マークが表示されます。

## ❷ セルのメモを削除する

### 💡ヒント
**メモの表示／非表示を切り替える**

メモの表示／非表示は、[校閲]タブの[メモ]をクリックして、[メモの表示／非表示]あるいは[すべてのメモを表示]で切り替えることができます。前者は、選択したセルのメモの表示／非表示を切り替えます。後者は、シート内のすべてのメモの表示／非表示を切り替えます。

メモの表示／非表示を切り替えることができます。

1 メモを付けたセルをクリックして、
2 [校閲]タブをクリックします。
3 [削除]をクリックすると、
4 メモが削除されます。

赤い三角マークも消えます。

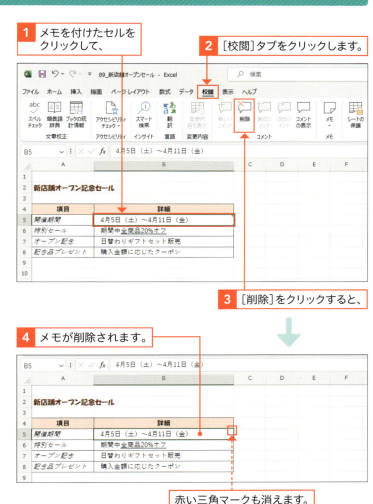

### ✏️補足 メモを編集するには

メモを付けたセルをクリックして、[校閲]タブの[メモ]から[メモの編集]をクリックすると、メモの枠内にカーソルが表示され、内容が編集できるようになります。
また、メモの周囲に表示されるハンドルをドラッグすると、メモ枠のサイズを変更できます。枠をドラッグすると、位置を移動できます。

ハンドルをドラッグすると、サイズを変更できます。

枠をドラッグすると、位置を移動できます。

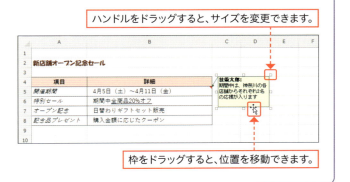

# Section 90 データを検索しよう

### ここで学ぶこと
- 検索
- 検索範囲
- 検索条件

表の中から**特定の文字を見つけ出したい**場合、行や列を1つ1つ探していくのは手間がかかります。このようなときは、**検索機能**を利用すると便利です。文字を検索する範囲や方向など、詳細な条件を設定して検索することもできます。

練習▶90_社員名簿

## 1 データを検索する

### 解説

**検索範囲を指定する**

文字の検索では、アクティブセルが検索の開始位置になります。選択したセル範囲だけを検索したい場合は、あらかじめセル範囲を選択してから、右の手順で操作します。検索する文字が見つからない場合は、検索の詳細設定（右ページの「補足」参照）で検索する条件を設定し直して、再度検索します。

### ショートカットキー

［検索と置換］ダイアログボックスの［検索］タブを表示

`Ctrl` + `F`

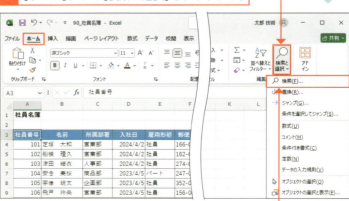

1. 表内のいずれかのセルをクリックして、
2. ［ホーム］タブの［検索と選択］をクリックし、
3. ［検索］をクリックします。

### ヒント

**検索結果を一覧表示する**

手順 5 で［すべて検索］をクリックすると、検索結果がダイアログボックスの下に一覧で表示されます。

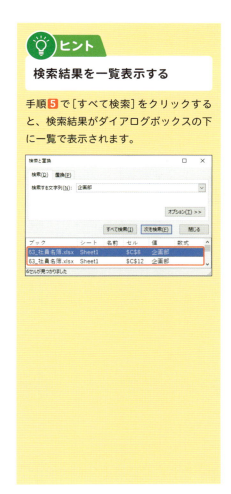

4 検索したい文字を入力して、

5 ［次を検索］をクリックすると、

6 文字が検索されます。

7 再度［次を検索］をクリックすると、

8 次の文字が検索されます。

### 補足　検索の詳細設定

［検索と置換］ダイアログボックスで［オプション］をクリックすると、下図のように検索条件を細かく設定することができます。

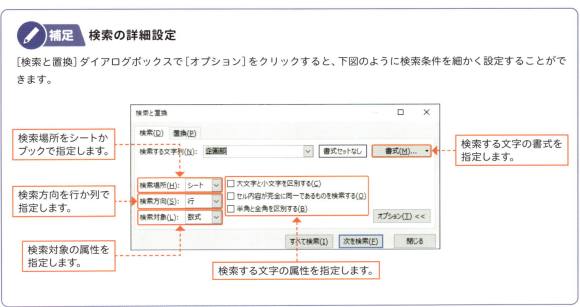

- 検索場所をシートかブックで指定します。
- 検索方向を行か列で指定します。
- 検索対象の属性を指定します。
- 検索する文字の書式を指定します。
- 検索する文字の属性を指定します。

# Section 91 データを置換しよう

**ここで学ぶこと**
- 置換
- 置換範囲
- すべて置換

表の中にある特定の文字を別の文字に置き換えたい場合、1つ1つ見つけて修正するのは手間がかかります。このようなときは、**置換機能**を利用すると便利です。**条件に一致するデータを確認しながら置き換える**ことができます。

練習 ▶ 91_社員名簿

## 1 データを置換する

### 解説

**置換範囲を指定する**

文字の置換では、ワークシート上のすべての文字が置換の対象となります。特定の範囲の文字を置換したい場合は、あらかじめ目的のセル範囲を選択してから、右の手順で操作します。検索された文字を置換せずに次を検索する場合は、[次を検索]をクリックします。置換が終了すると、確認のダイアログボックスが表示されるので[OK]をクリックし、[検索と置換]ダイアログボックスの[閉じる]をクリックします。

### ショートカットキー

[検索と置換]ダイアログボックスの[置換]タブを表示

`Ctrl` + `H`

**1** 表内のいずれかのセルをクリックして、

**2** [ホーム]タブの[検索と選択]をクリックし、

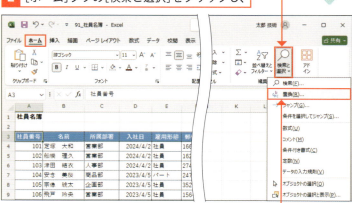

**3** [置換]をクリックします。

## まとめて一気に置換するには？

右の手順 6 で［すべて置換］をクリックすると、検索条件に一致するすべてのデータをまとめて置き換えることができます。

## 特定の文字を削除する

置換機能を利用すると、特定の文字を削除することができます。たとえば、セルに含まれるスペースを削除したい場合は、［検索する文字列］にスペースを入力し、［置換後の文字列］に何も入力せずに置換を実行します。

**1** ［検索する文字列］に
スペースを入力し、

**2** ［置換後の文字列］に何も入力せずに
置換を実行します。

---

**4** 検索する文字を入力して、

**5** 置換後の文字を入力します。

**6** ［次を検索］をクリックすると、

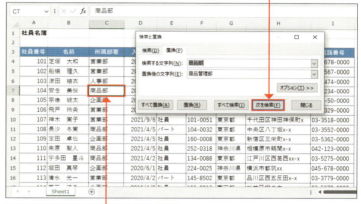

**7** 置換する文字が検索されます。

**8** ［置換］をクリックすると、

**9** 指定した文字に置き換えられ、　**10** 次の文字が検索されます。

**11** 同様に［置換］をクリックして、文字を置き換えていきます。

# Section 92 行や列を非表示にしよう

## ここで学ぶこと
- 列の非表示
- 行の非表示
- 列／行の再表示

特定の行や列を削除するのではなく、一時的に隠しておきたい場合があります。このようなときは、**行や列を非表示にする**ことができます。非表示にした行や列が必要になったときは**再表示**します。

練習▶92_社員名簿

## 1 列を非表示にする

### 解説

**行を非表示にする**

行を非表示にする場合は、行番号をクリックまたはドラッグして非表示にしたい行全体を選択するか、非表示にしたい行に含まれるセルやセル範囲を選択し、右の手順 3 で［行を表示しない］をクリックします。

1 非表示にする列全体を選択して、

2 ［ホーム］タブの［書式］をクリックします。

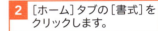
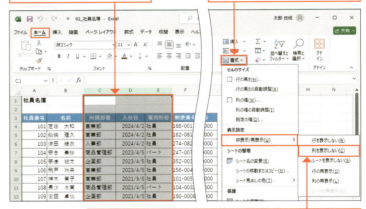

3 ［非表示／再表示］にマウスポインターを合わせて、［列を表示しない］をクリックすると、

4 選択した列が非表示になります。

### 補足

**非表示にした行や列は印刷されない**

行や列を非表示にして印刷を実行すると、非表示にした行や列は印刷されず、画面に表示されている部分だけが印刷されます。

308

## ② 非表示にした列を再表示する

 **解説**

**非表示にした行を再表示する**

非表示にした行を再表示する場合は、非表示の行をはさむように上下の行を選択したあと、手順❸で[行の再表示]をクリックします。

**1** 非表示にした列をはさむ左右の列番号をドラッグして選択します。

**2** [ホーム]タブの[書式]をクリックして、

**3** [非表示/再表示]にマウスポインターを合わせて、[列の再表示]をクリックすると、

**4** 非表示にした列が再表示されます。

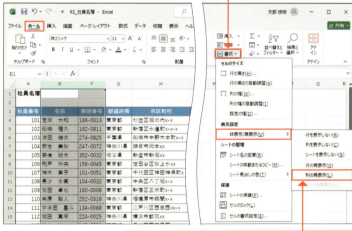

 **補足**

**左端の列や上端の行を再表示するには？**

左端の列や上端の行を非表示にした場合は、もっとも端の列番号か行番号から、ウィンドウの左側あるいは上側に向けてドラッグし、非表示の列や行を選択します（下図参照）。続いて、右の手順（左端の列の場合）で操作すると、非表示にした左端の列や上端の行を再表示することができます。

もっとも端にある列番号を左側にドラッグして選択します。

# Section 93 表に図形を挿入しよう

## ここで学ぶこと
- 図形
- 図形の書式
- 図形の塗りつぶし

Excelでは、図形のほかに、画像、アイコン、3Dモデル、SmartArtなど**さまざまなオブジェクトを挿入**することができます。ここでは、図形を描いて文字を入力し、サイズや色を変更してみましょう。

練習 ▶ 93_新店舗オープンセール

## ① Excelに挿入できるオブジェクト

Excelに挿入できるオブジェクトには、図形や画像、イラスト、アイコン、3Dモデル、SmartArtなど、さまざまなものがあります。いずれも、[挿入] タブの [図] グループのコマンドから挿入します。

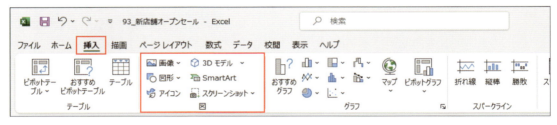

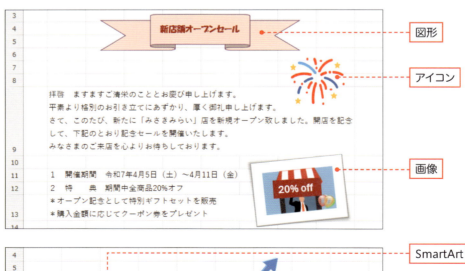

## ❷ 図形を描いて文字を入力する

### 💬 解説

**図形を描く**

Excelでは、線や四角形などの基本図形に加え、ブロック矢印や吹き出しなど、さまざまな図形を描くことができます。図形を描くには、描きたい図形を一覧から選んでクリックし、描きたい位置でドラッグします。このとき Shift を押しながらドラッグすると、正円や正方形を描くことができます。

### 💡 ヒント

**図形内の文字の書式設定**

図形に入力した文字は、本文用のフォント（游ゴシック）とサイズ（11ポイント）で、フォントの色は背景色に合わせて自動的に白か黒で入力されます。これらの書式は、通常の文字と同様に、[ホーム]タブの[フォント]グループのコマンドを使って変更することができます。ここでは、フォントを「HGP創英角ポップ体」、サイズを「12ポイント」に変更しています。

### 💡 ヒント

**文字の配置**

図形内の文字配置は、セル内の配置と同様に、[ホーム]タブの[配置]グループのコマンドを使って設定します。

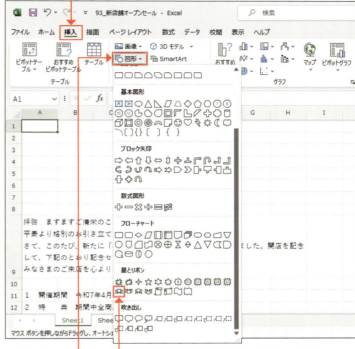

1. [挿入]タブをクリックして、
2. [図形]をクリックし、
3. 挿入したい図形（ここでは[リボン：上に曲がる]）をクリックします。

4. セル上でドラッグして、図形を描きます。

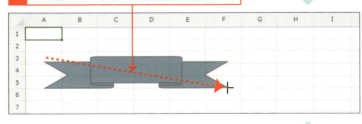

5. 図形をクリックして選択し、文字を入力します。

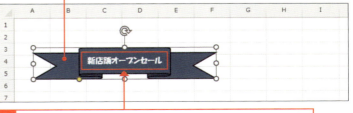

6. 文字サイズとフォントを変更して、図形の中央に配置します。

## ③ 図形を編集する

### 🗨 解説
**図形を移動する**

図形を移動するには、図形をクリックし、図形にマウスポインター合わせてドラッグします。

**1** 図形をクリックして、

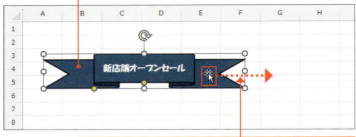

**2** 図形にマウスポインターを合わせてドラッグすると、

### 🗨 解説
**図形のサイズを変更する**

図形をクリックすると、周囲にハンドルが表示されます。周囲のハンドルを外側にドラッグすると、図形が大きくなります。内側にドラッグすると、図形が小さくなります。

**3** 図形が移動されます。

**4** 図形をクリックして、

**5** 四隅のハンドルにマウスポインターを合わせて、

### ✏ 補足
**図形を回転する／形を変える**

図形をクリックすると、回転ハンドルが表示されます。回転ハンドルをドラッグすると、図形を回転させることができます。また、図形によっては調整ハンドルが表示されます。調整ハンドルをドラッグすると、図形の形状を変更できます。

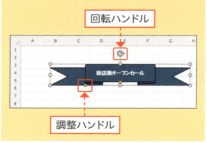

回転ハンドル / 調整ハンドル

**6** 外側（あるいは内側）にドラッグすると、図形のサイズが変更されます。

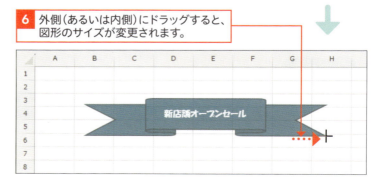

## ④ 図形の色を変更する

解説

### 図形の色を変更する

図形の色を変更するには、[図形の塗りつぶし]をクリックして、表示される一覧から色をクリックします。

1 図形をクリックして、

2 [図形の書式]タブをクリックします。

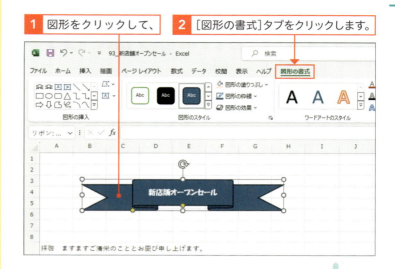

3 [図形の塗りつぶし]のここをクリックして、

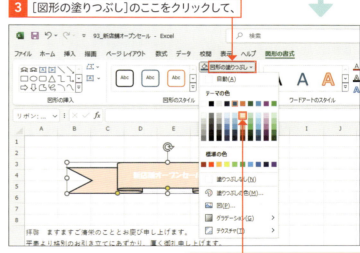

4 目的の色をクリックすると、

5 図形の色が変更されます。

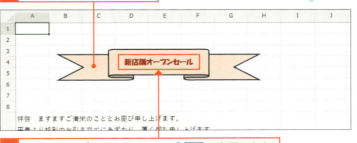

6 文字の色は、[文字の塗りつぶし]  で変更します。

補足

### 図形の枠線と図形の効果

[図形の書式]タブの[図形の枠線]をクリックすると、図形の枠線の色や太さ、線種を変更することができます。また、[図形の効果]をクリックすると、図形に影や反射、光彩、ぼかし、3-D回転などの効果を付けることができます。

# Section 94 表に画像を挿入しよう

### ここで学ぶこと
- 画像
- セル内に配置
- セルの上に配置

Excelでは、画像をシート上に配置するほかに、セル内に配置することもできます。ここでは、セル内に配置してみましょう。セル内に配置した画像データは、値と同じように処理することができます。

練習▶94_ギフトセット

## 1 セル内に画像を挿入する

### 解説 画像の挿入

画像は、自分のパソコンに保存してある画像のほかに、「ストック画像」と「オンライン画像」から検索して挿入することができます。

### 補足 ストック画像を利用する

ストック画像は、マイクロソフトが提供するフリー素材です。画像やアイコン、ステッカー、イラストなどが無料で利用できます。新しいコンテンツも随時追加されます。

**1** 画像を挿入するセルをクリックして、

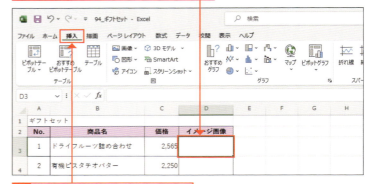

**2** [挿入]タブをクリックします。

**3** [画像]をクリックして、

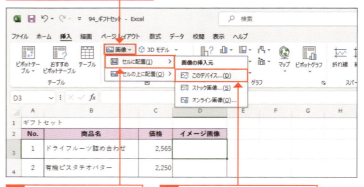

**4** [セルに配置]にマウスポインターを合わせ、

**5** 画像の挿入もと(ここでは、[このデバイス])をクリックします。

## 補足

### オンライン画像を利用する

オンライン画像は、Web上のさまざまな場所から画像を検索して利用することができます。オンライン画像を利用する場合は、ライセンスや利用条件を確認することが必要です。

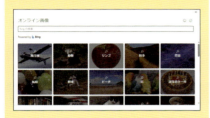

## 応用技

### IMAGE関数の利用

「IMAGE（イメージ）関数」を使ってセル内に画像を挿入することもできます。サポートされている画像形式は、BMP、JPG、GIF、TIFF、PNG、ICO、WEBPなどです。「ソース」には、「https」から始まるURLを半角の「"」で囲んで指定します。「代替テキスト」以降は、省略可能です。

書式：=IMAGE(ソース,[代替テキスト],[サイズ],[高さ],[幅])

**6** 画像が保存してあるフォルダーを指定して、

**7** 挿入したい画像をクリックし、

**8** ［挿入］をクリックすると、

**9** セル内に画像が挿入されます。

**補足　セルの上に画像を挿入する**

画像をシート上に挿入する場合は、手順 4 で［セルの上に配置］をクリックして、同様に操作します。
シート上に挿入した画像は、画像をクリックすると表示される［図の形式］タブを利用して、サイズや位置を移動したり、明るさやコントラストを調整したり、スタイルを設定したりと、さまざまな加工を施すことができます。

94 表に画像を挿入しよう

11 Excelをもっと便利に使おう

315

# Section 95 入力規則を設定しよう

### ここで学ぶこと
- 入力規則
- 入力時メッセージ
- エラーメッセージ

セルにデータを入力するときに、**間違ったデータが入力されることを防ぐ**には**入力規則**を設定します。入力可能なデータの種類や値を設定したり、入力モードが自動的に切り替わるように設定したりすることができます。

練習▶95_消耗品注文表、95_新入社員名簿

## 1 セルに入力規則を設定する

### 解説 入力規則を設定する

「入力規則」とは、セルに入力できるデータを制限したり、入力するデータをリストから選択したり、入力モードが自動的に切り替わるように設定したりする機能です。入力規則を設定しておくと、間違ったデータが入力されるのを防ぐことができます。

### 解説 入力できる数値を制限する

ここでは、[入力値の種類]で[整数]を選択し、指定したセル範囲に「10」以下の数値しか入力できないように入力規則を設定しています。

1 入力規則を設定するセル範囲を選択します。

2 [データ]タブをクリックして、

3 [データの入力規則]をクリックします。

## 入力値の種類

「入力値の種類」では、整数のほかに、以下のような項目が指定できます。

4 [入力値の種類]で、入力するデータの種類（ここでは[整数]）を選択し、

5 [データ]で[次の値以下]を選択します。

6 基準となる値を入力して、

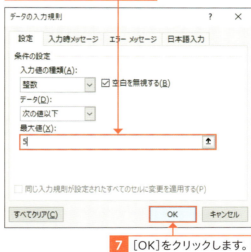

7 [OK]をクリックします。

8 入力規則に違反するデータが入力されると、

9 エラーメッセージが表示されます。

## 入力規則を削除する

設定した入力規則を削除するには、入力規則が設定されているセル範囲を選択して、[データの入力規則]ダイアログボックスを表示します。[すべてクリア]をクリックして[OK]をクリックすると、入力規則が削除されます。

## ❷ データを入力候補から選択できるようにする

### 💬 解説

**入力するデータを登録する**

セルにデータを入力する際、一覧から選択して入力できるように設定することができます。[入力値の種類]で[リスト]を選択して、[元の値]に一覧に表示されるデータを「,」(カンマ)で区切って入力します。

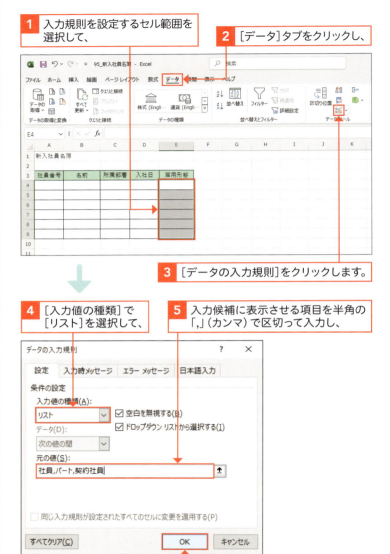

### 💡 ヒント

**リストをあらかじめ入力しておく**

[元の値]に直接データを入力するかわりに、リストとして表示させるデータをシートに入力しておく方法もあります。この場合は、[元の値]欄をクリックして、データを入力したセル範囲をドラッグして指定します。

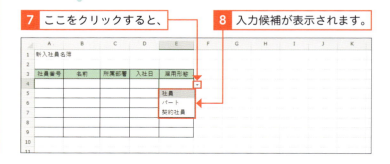

## ③ 入力時のメッセージを設定する

### 解説

**入力時のメッセージを設定する**

入力規則が設定されているセルに、タイトルと入力時メッセージを表示させることができます。セルに設定されている入力規則の内容を表示させると、データの入力時に迷わずにすみます。

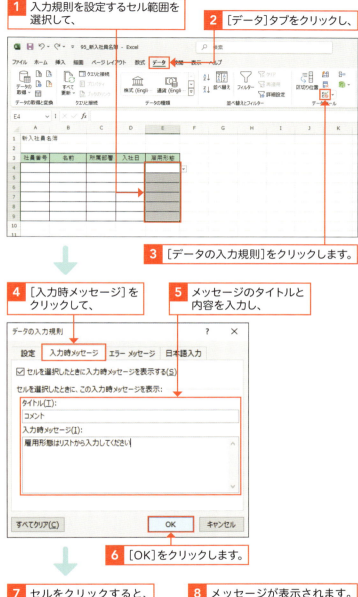

### ヒント

**メッセージを非表示にする**

表示された入力時のメッセージを非表示にするには、を押します。

## ④ 規則に違反した際のメッセージを設定する

### 解説

**オリジナルのメッセージを設定する**

設定した入力規則に違反するデータが入力されたときは、エラーメッセージが表示されるように設定することができます。オリジナルのメッセージを表示させたいときは、右の手順でメッセージを設定します。

### ヒント

**スタイルの種類**

エラーメッセージの[スタイル]では、[停止]のほかに、[注意]と[情報]を選択できます。エラーの程度に応じて指定するとよいでしょう。

注意

1 入力規則を設定するセル範囲を選択して、

2 [データ]タブをクリックし、

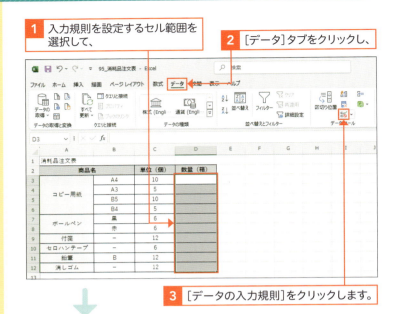

3 [データの入力規則]をクリックします。

4 [エラーメッセージ]をクリックして、

5 メッセージのスタイル、タイトル、内容を入力して、

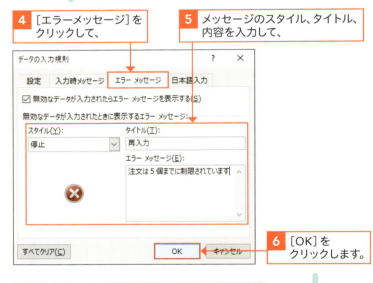

6 [OK]をクリックします。

7 入力規則に違反するデータが入力されると、

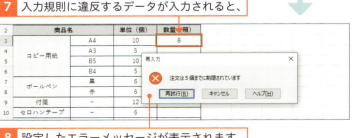

8 設定したエラーメッセージが表示されます。

# ❺ セルごとに日本語入力モードを切り替える

## 💬 解説

**セルごとに入力モードを切り替える**

住所録のように、セルごとにさまざまな種類のデータを入力する必要がある場合、毎回入力モードを切り替えるのは面倒です。このようなときは、セルをクリックすると入力モードが自動的に切り替わるように設定しておくと便利です。

**1** 入力規則を設定するセル範囲を選択して、

**2** ［データ］タブをクリックし、

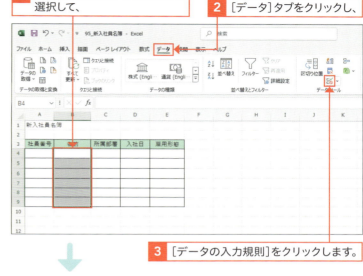

**3** ［データの入力規則］をクリックします。

**4** ［日本語入力］をクリックして、

**5** ［日本語入力］で［オン］を選択し、

**6** ［OK］をクリックします。

**7** 入力規則を設定したセルをクリックすると、

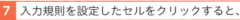

## ✏️ 補足

**設定の際にメッセージが表示される**

すでに入力規則が設定されている範囲を選択して入力規則を設定しようとすると、下図のようなメッセージが表示されます。現在の設定を削除して操作を続ける場合は［OK］を、操作をキャンセルする場合は［キャンセル］をクリックします。

**8** 入力モードが自動的に「ひらがな」に変更されます。

# Section 96 PDF形式で保存しよう

## ここで学ぶこと
- PDFファイル
- エクスポート
- PDF／XPSの作成

Excelで作成した文書は、**PDF形式で保存**することができます。PDF形式で保存すると、**レイアウトや書式、画像などがそのまま維持**されるので、パソコンの環境に依存せずに、同じ見た目で文書を表示することができます。

練習▶96_下半期店舗別売上実績

## 1 シートをPDF形式で保存する

### 重要用語

**PDFファイル**

PDFファイルは、アドビによって開発された電子文書の規格の1つです。レイアウトや書式、画像などがそのまま維持されるので、パソコン環境に依存せずに、同じ見た目で文書を表示することができます。

### ヒント

**PDF形式で保存するそのほかの方法**

シートをPDF形式で保存するには、ここで解説したほかにも以下の方法があります。

① 通常の保存時のように［名前を付けて保存］ダイアログボックスを表示して（36ページ参照）、［ファイルの種類］を［PDF］にして保存します。

② ［印刷］画面を表示して（276ページ参照）、［プリンター］を［Microsoft Print to PDF］に設定し、［印刷］をクリックして保存します。

**1** PDF形式で保存したいシートを表示します。

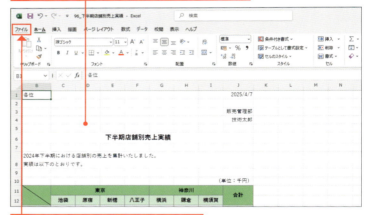

**2** ［ファイル］タブをクリックして、

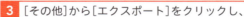

**3** ［その他］から［エクスポート］をクリックし、

**4** ［PDF／XPSの作成］をクリックします。

### 最適化とは？

[最適化]では、発行するPDFファイルの印刷品質を指定します。印刷品質を高くしたい場合は、[標準（オンライン発行および印刷）]をオンにします。ファイルサイズを小さくしたい場合は、[最小サイズ（オンライン発行）]をオンにします。

### 発行対象を指定する

標準の設定では、選択しているシートのみがPDFファイルとして保存されます。ブック全体や選択した部分のみをPDF形式で保存するには、[PDFまたはXPS形式で発行]ダイアログボックスで[オプション]をクリックして、発行対象を指定します。

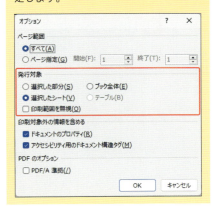

**5** 保存先を指定して、

**6** ファイル名を入力し、

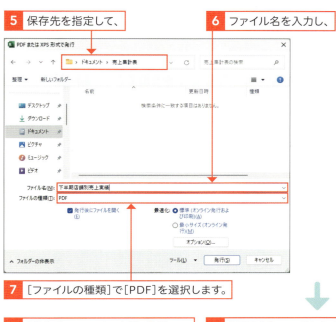

**7** [ファイルの種類]で[PDF]を選択します。

**8** [発行後にファイルを開く]がオンになっていることを確認して、

**9** [最適化]でいずれかを選択します。

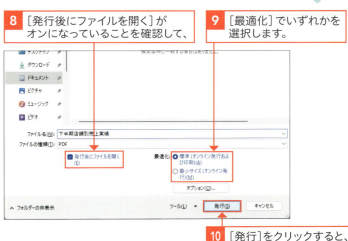

**10** [発行]をクリックすると、

**11** 変換されたPDFファイルが表示されます。

# Section 97 OneDriveを利用しよう

### ここで学ぶこと
- OneDrive
- Microsoftアカウント
- Excel for the web

OneDriveを利用すると、**インターネット上にファイルを保存**して、別のパソコンからファイルを閲覧、編集することができます。**Microsoftアカウントでサインイン**すると、ExcelからOneDriveを利用することができます。

練習▶97_四半期売上比較

## 1 Microsoftアカウントでサインインする

### 解説

#### OneDriveを利用する

OneDriveを利用するには、Microsoftアカウントが必要です。MicrosoftアカウントでWindowsやExcelにサインインすると、エクスプローラーやExcelからOneDriveを利用することができます。ExcelからMicrosoftアカウントでサインインするには、画面右上に表示されている[サインイン]をクリックします。すでにサインインしている場合、この操作は必要ありません。

### 重要用語

#### Microsoftアカウント

マイクロソフトがインターネット上で提供するOneDriveやExcel OnlineなどのWebサービスや各種アプリを利用するために必要な権利のことをMicrosoftアカウントといいます。マイクロソフトのWebサイト「https://signup.live.com/」から、無料で取得することができます。

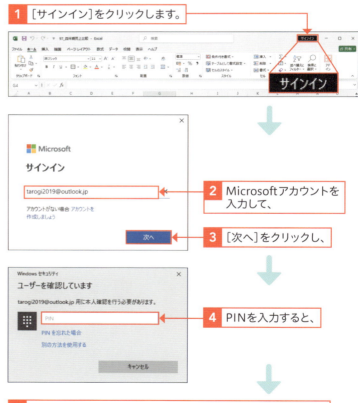

1 [サインイン]をクリックします。

2 Microsoftアカウントを入力して、

3 [次へ]をクリックし、

4 PINを入力すると、

5 サインインが完了して、ユーザーアイコンが表示されます。

## ② ブックをOneDriveに保存する

### 🔍 重要用語

**OneDrive**

「OneDrive」は、マイクロソフトが提供するオンラインストレージサービス（インターネット上にファイルを保存しておくための場所を提供するサービス）です。クラウドストレージサービスとも呼ばれます。インターネットを利用できる環境であれば、いつでもどこからでもファイルの閲覧や編集、保存、取り出しができます。

### 💡 ヒント

**ファイルの自動保存**

OneDriveにファイルを保存すると、以降は変更内容が自動で保存されるようになります。自動保存したくない場合は、画面左上の[自動保存]の[オン]をクリックして[オフ]にするか、[ファイル]タブをクリックして[コピーを保存]をクリックし、コピーしたファイルで編集を行います（36ページの「ヒント」参照）。

**1** [ファイル]タブをクリックして、[名前を付けて保存]をクリックし、

**2** [OneDrive-個人用]をクリックして、

**3** [OneDrive-個人用]をクリックします。

**4** OneDrive内のフォルダーが表示されるので、保存先を指定して、

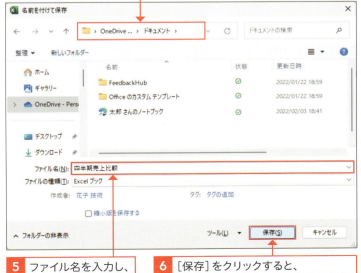

**5** ファイル名を入力し、

**6** [保存]をクリックすると、ブックがOneDriveに保存されます。

## ③ エクスプローラーでOneDriveのファイルを確認する

### 解説
**ファイルの同期**

エクスプローラーで表示されるOneDrive内のファイルとインターネット上のOneDrive内のファイルは通常同期されており、どちらも常に最新の状態に保たれています。ファイルやフォルダーのアイコンには、同期の状態を示すマークが表示されます。

同期されたファイル

### 解説
**エクスプローラーから OneDriveに保存する**

パソコンに保存されたファイルをエクスプローラーからOneDriveに保存することもできます。OneDriveに保存したいファイルをクリックして、ツールバーの[コピー]をクリックします。続いて、OneDriveの保存先を表示して、ツールバーの[貼り付け]をクリックします。

**1** タスクバーの[エクスプローラー]をクリックします。

**2** [OneDrive]をクリックして、

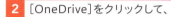
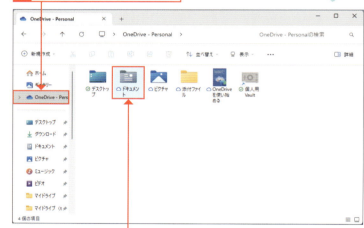

**3** [ドキュメント]をダブルクリックすると、

**4** 前ページで保存したExcelファイルが確認できます。

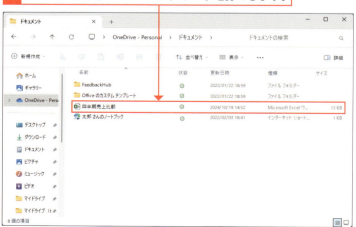

## ④ Web上からOneDriveを利用する

### 重要用語

**Excel for the web**

Excel for the webは、インターネット上でExcel文書を閲覧、編集、作成、保存することができる無料のオンラインサービスです。Webブラウザーでインターネットに接続できる環境であればどこからでもアクセスでき、Excelがインストールされていないパソコンからでも利用することができます。WebブラウザーでOneDriveに保存したExcelのファイルをクリックすると、Excel for the webが起動してExcel文書が表示されます。

**1** Webブラウザー（ここでは「Microsoft Edge」）を起動して、「https://onedrive.live.com」にアクセスします。

**2** ［ドキュメント］をクリックして、

**3** Excelファイルをクリックすると、

**4** Excel for the webが起動して、Excel文書が表示されます。

## Appendix 01 — Excelの便利なショートカットキー

### 基本操作

| | |
|---|---|
| Ctrl + N | 新しいブックを作成する。 |
| Ctrl + O | [ファイル]タブの[開く]画面を表示する。 |
| Ctrl + F12 | [ファイルを開く]ダイアログボックスを表示する。 |
| Ctrl + P | [ファイル]タブの[印刷]画面を表示する。 |
| Ctrl + Z | 直前の操作を取り消す。 |
| Ctrl + Y | 取り消した操作をやり直す。または直前の操作を繰り返す。 |
| Ctrl + W | ファイルを閉じる。 |
| Ctrl + F1 | リボンを非表示/表示する。 |
| Ctrl + S | 上書き保存する。 |
| F12 | [名前を付けて保存]ダイアログボックスを表示する。 |
| F1 | [ヘルプ]作業ウィンドウを表示する。 |
| Alt + F4 | Excelを終了する。 |

### データの入力・編集

| | |
|---|---|
| F2 | セルを編集可能にする。 |
| Shift + F3 | [関数の挿入]ダイアログボックスを表示する。 |
| Alt + Shift + = | SUM関数を入力する。 |
| Ctrl + ; | 今日の日付を入力する。 |
| Ctrl + : | 現在の時刻を入力する。 |
| Ctrl + C | セルをコピーする。 |
| Ctrl + X | セルを切り取る。 |
| Ctrl + V | コピーまたは切り取ったセルを貼り付ける。 |
| Ctrl + Shift + + | セルを挿入する。 |
| Ctrl + − | セルを削除する。 |
| Ctrl + D | 1つ上のセル範囲を複製する |
| Ctrl + R | 1つ左のセル範囲を複製する |
| Ctrl + F | [検索と置換]ダイアログボックスの[検索]を表示する。 |
| Ctrl + H | [検索と置換]ダイアログボックスの[置換]を表示する。 |

### セルの書式設定

| | |
|---|---|
| Ctrl + Shift + ^ | [標準]スタイルを設定する。 |
| Ctrl + Shift + 4 | [通貨]スタイルを設定する。 |
| Ctrl + Shift + 1 | [桁区切りスタイル]を設定する。 |
| Ctrl + Shift + 5 | [パーセント]スタイルを設定する。 |
| Ctrl + Shift + 3 | [日付]スタイルを設定する。 |
| Ctrl + B | 太字を設定/解除する。 |
| Ctrl + I | 斜体を設定/解除する。 |
| Ctrl + U | 下線を設定/解除する。 |

### セル・行・列の選択

| | |
|---|---|
| Ctrl + A | ワークシート全体を選択する。 |
| Ctrl + Shift + : | アクティブセルを含み、空白の行と列で囲まれるデータ範囲を選択する。 |
| Ctrl + Shift + Home | 選択範囲をワークシートの先頭のセルまで拡張する。 |
| Ctrl + Shift + End | 選択範囲をデータ範囲の右下隅のセルまで拡張する。 |
| Shift + ↑ (↓←→) | 選択範囲を上（下、左、右）に拡張する。 |
| Ctrl + Shift + ↑ (↓←→) | 選択範囲をデータ範囲の上（下、左、右）に拡張する。 |
| Shift + Home | 選択範囲を行の先頭まで拡張する。 |
| Shift + Back space | 選択を解除する。 |

### ワークシートの挿入・移動・スクロール

| | |
|---|---|
| Shift + F11 | 新しいワークシートを挿入する。 |
| Ctrl + Home | ワークシートの先頭に移動する。 |
| Ctrl + End | データ範囲の右下隅のセルに移動する。 |
| Ctrl + Page Up | 前（左）のワークシートに移動する。 |
| Ctrl + Page Down | 後（右）のワークシートに移動する。 |
| Alt + Page Up (Page Down) | 1画面左（右）にスクロールする。 |
| Page Up (Page Down) | 1画面上（下）にスクロールする。 |

＊ Home 、End 、Page Up 、Page Down は、キーボードによっては Fn と同時に押す必要があります。

**Appendix**

# 02 ローマ字・かな変換表

| あ行 | あ | い | う | え | お |
|---|---|---|---|---|---|
| | A | I | U | E | O |
| | うぁ | うぃ | | うぇ | うぉ |
| | WHA | WHI | | WHE | WHO |

| か行 | か | き | く | け | こ |
|---|---|---|---|---|---|
| | KA | KI | KU | KE | KO |
| | が | ぎ | ぐ | げ | ご |
| | GA | GI | GU | GE | GO |
| | きゃ | きぃ | きゅ | きぇ | きょ |
| | KYA | KYI | KYU | KYE | KYO |
| | ぎゃ | ぎぃ | ぎゅ | ぎぇ | ぎょ |
| | GYA | GYI | GYU | GYE | GYO |

| さ行 | さ | し | す | せ | そ |
|---|---|---|---|---|---|
| | SA | SI (SHI) | SU | SE | SO |
| | ざ | じ | ず | ぜ | ぞ |
| | ZA | ZI | ZU | ZE | ZO |
| | しゃ | しぃ | しゅ | しぇ | しょ |
| | SYA | SYI | SYU | SYE | SYO |
| | じゃ | じぃ | じゅ | じぇ | じょ |
| | ZYA | ZYI | ZYU | ZYE | ZYO |

| た行 | た | ち | つ | て | と |
|---|---|---|---|---|---|
| | TA | TI (CHI) | TU (TSU) | TE | TO |
| | だ | ぢ | づ | で | ど |
| | DA | DI | DU | DE | DO |
| | でゃ | でぃ | でゅ | でぇ | でょ |
| | DHA | DHI | DHU | DHE | DHO |
| | ちゃ | ちぃ | ちゅ | ちぇ | ちょ |
| | TYA | TYI | TYU | TYE | TYO |

| な行 | な | に | ぬ | ね | の |
|---|---|---|---|---|---|
| | NA | NI | NU | NE | NO |
| | にゃ | にぃ | にゅ | にぇ | にょ |
| | NYA | NYI | NYU | NYE | NYO |

| は行 | は | ひ | ふ | へ | ほ |
|---|---|---|---|---|---|
| | HA | HI | HU (FU) | HE | HO |
| | ば | び | ぶ | べ | ぼ |
| | BA | BI | BU | BE | BO |
| | ぱ | ぴ | ぷ | ぺ | ぽ |
| | PA | PI | PU | PE | PO |
| | ひゃ | ひぃ | ひゅ | ひぇ | ひょ |
| | HYA | HYI | HYU | HYE | HYO |
| | ふぁ | ふぃ | ふゅ | ふぇ | ふぉ |
| | FA | FI | FYU | FE | FO |

| ま行 | ま | み | む | め | も |
|---|---|---|---|---|---|
| | MA | MI | MU | ME | MO |
| | みゃ | みぃ | みゅ | みぇ | みょ |
| | MYA | MYI | MYU | MYE | MYO |

| や行 | や | | ゆ | | よ |
|---|---|---|---|---|---|
| | YA | | YU | | YO |

| ら行 | ら | り | る | れ | ろ |
|---|---|---|---|---|---|
| | RA | RI | RU | RE | RO |
| | りゃ | りぃ | りゅ | りぇ | りょ |
| | RYA | RYI | RYU | RYE | RYO |

| わ行 | わ | | を | | ん |
|---|---|---|---|---|---|
| | WA | | WO | | N (NN) |

- **「ん」の入力方法**
  「ん」の次が子音の場合は N を1回押し、「ん」の次が母音の場合または「な行」の場合は N を2回押します。
  例) さんすう S A N S U U　　　例) はんい H A N N I　　　例) みかんの M I K A N N N O

- **促音「っ」の入力方法**
  子音のキーを2回押します。
  例) やってきた Y A T T E K I T A　　　例) ほっきょく H O K K Y O K U

- **「ぁ」「ぃ」「ゃ」などの入力方法**
  A や I、YA を押す前に、L または X を押します。
  例) わぁーい W A L A － I　　　例) うぃんどう U X I N D O U

# 索引

## 記号・数字

| | |
|---|---|
| #DIV/0! | 95 |
| #N/A | 95, 123, 124 |
| #NAME? | 95 |
| #NULL! | 95 |
| #NUM! | 95 |
| #REF! | 95 |
| #VALUE! | 95 |
| $（絶対参照） | 91 |
| ％（パーセントスタイル） | 144 |
| ＋（足し算） | 81 |
| －（引き算） | 81 |
| ＊（かけ算） | 81 |
| '（アポストロフィ） | 51 |
| ，（桁区切りスタイル） | 143 |
| ／（割り算） | 81 |
| ：（関数でのセル範囲の指定） | 98 |
| "（空白セルの指定） | 117 |
| "（引数の指定） | 115 |
| ＜（左辺が右辺より小さい） | 115 |
| ＜＝（左辺が右辺以下） | 115 |
| ＜＞（不等号） | 115 |
| ＝（等号） | 80, 98, 115 |
| ＞（左辺が右辺より大きい） | 115 |
| ＞＝（左辺が右辺以上） | 115 |
| 0から始まる数値の入力 | 51 |
| 1ページに収めて印刷 | 282 |
| 3-D参照 | 262 |
| 3Dモデル | 310 |

## A～Z

| | |
|---|---|
| AND | 231 |
| AVERAGE関数 | 102 |
| Backstageビュー | 39 |
| Excel for the web | 327 |
| Excelのオプション | 34 |
| Excelの画面構成 | 30 |
| Excelの既定の文字設定 | 132 |
| Excelの起動 | 26 |
| Excelの終了 | 28 |
| F4 | 91 |

| | |
|---|---|
| IF関数 | 114, 124 |
| IMAGE関数 | 315 |
| MAX関数 | 106 |
| Microsoftアカウント | 324 |
| MIN関数 | 107 |
| Officeテーマ | 27 |
| Officeの背景 | 27 |
| OneDrive | 324 |
| OneDriveにブックを保存する | 36, 325 |
| OneDriveをWeb上から利用する | 327 |
| OR | 231 |
| PDF形式で保存 | 322 |
| PDFファイル | 322 |
| PHONETIC関数 | 108 |
| ROUND関数 | 110 |
| ROUNDDOWN関数 | 113 |
| ROUNDUP関数 | 112 |
| SmartArt | 310 |
| SUM関数 | 100 |
| SUMIF関数 | 118 |
| VLOOKUP関数 | 122 |
| XLOOKUP関数 | 120 |

## あ行

| | |
|---|---|
| アイコン | 310 |
| アイコンセット | 209 |
| アウトライン | 218 |
| アウトライン記号 | 219 |
| アクセシビリティチェック | 155 |
| アクティブセル | 46 |
| アクティブセルの移動 | 49 |
| アクティブセルの移動方向 | 51 |
| 値のみの貼り付け | 161 |
| 新しいウィンドウを開く | 266 |
| 新しいシート | 252 |
| 新しいブックの作成 | 42 |
| 新しいルール(条件付き書式) | 204 |
| 移動 | 60 |
| 入れ子 | 116 |
| 印刷 | 276, 278, 281 |
| [印刷]画面の機能 | 276 |
| 印刷タイトルの設定 | 292 |
| 印刷の向き | 279 |

330

| | |
|---|---|
| 印刷範囲の設定 | 284 |
| 印刷プレビュー | 278, 282 |
| ウィンドウの整列 | 266 |
| ウィンドウの分割 | 264 |
| ウィンドウ枠固定の解除 | 217 |
| ウィンドウ枠の固定 | 216 |
| 上付き | 137 |
| 上書き保存 | 37 |
| エクスポート | 322 |
| エラーインジケーター | 94 |
| エラー値 | 94, 95 |
| エラーチェックオプション | 95 |
| エラーチェックルール | 94 |
| エラーの修正 | 96 |
| エラーメッセージ | 320 |
| エラーを無視する | 96 |
| 円グラフ | 166 |
| 円グラフに項目名とパーセンテージを表示 | 186 |
| 円グラフの円の大きさを変更 | 185 |
| 円グラフの作成 | 184 |
| 円グラフのデータ要素を切り離す | 187 |
| 演算子 | 81 |
| オートSUM | 99, 100 |
| オートフィル | 66 |
| オートフィルオプション | 67 |
| おすすめグラフ | 168 |
| 同じデータの入力 | 66 |
| 折り返して全体を表示する | 139 |
| 折れ線グラフ | 166 |
| 折れ線グラフの作成 | 188 |
| 折れ線グラフの線の色 | 189 |
| 折れ線グラフの線の太さ | 189 |

## か行

| | |
|---|---|
| 開始セル | 98 |
| 改ページ位置の調整 | 287 |
| 改ページプレビュー | 31, 286 |
| 書き込みパスワード | 272 |
| 拡大／縮小印刷 | 283 |
| 拡大／縮小表示 | 298 |
| 下線 | 136 |
| 画像 | 310 |
| 画面の拡大／縮小表示 | 298 |

| | |
|---|---|
| 画像の挿入 | 314 |
| 画面の背景と色 | 27 |
| 画面の表示モード | 31 |
| カラースケール | 208 |
| カラーリファレンス | 88, 104 |
| 漢字の変換 | 48 |
| 関数 | 98 |
| 関数の書式 | 98 |
| 関数の数式の修正 | 104 |
| 関数の挿入 | 99 |
| 関数の入力方法 | 99 |
| 関数のネスト(入れ子) | 116 |
| 関数のヘルプ | 103 |
| 関数ライブラリ | 99 |
| 起動 | 26 |
| 行と列の切り替え | 173 |
| 行と列の同時固定 | 217 |
| 行の移動 | 76 |
| 行のコピー | 77 |
| 行の再表示 | 309 |
| 行の削除 | 75 |
| 行の選択 | 56 |
| 行の高さの変更 | 70 |
| 行の追加 | 74 |
| 今日の日付を入力 | 65 |
| 行の非表示 | 308 |
| 行番号 | 30 |
| 行番号の印刷 | 293 |
| 切り上げ | 112 |
| 切り捨て | 113 |
| 切り取り | 60 |
| クイックアクセスツールバー | 30, 300 |
| クイックアクセスツールバーにコマンドを追加 | 300 |
| クイック分析 | 201 |
| クイックレイアウト | 186 |
| 空白のブック | 27, 42 |
| 串刺し計算 | 262 |
| グラフエリア | 165 |
| グラフスタイル | 175, 191 |
| グラフタイトル | 165 |
| グラフと表の関係 | 164 |
| グラフの移動 | 170 |
| グラフの色の変更 | 175, 187 |
| グラフの構成要素 | 165 |

索引

331

| | |
|---|---|
| グラフのサイズ変更 | 171 |
| グラフの作成 | 168 |
| グラフの種類の変更 | 174 |
| グラフの選択 | 170 |
| グラフのデータ範囲の変更 | 172 |
| グラフのみの印刷 | 294 |
| グラフ要素 | 176 |
| グラフ要素の追加 | 176 |
| クリア | 58 |
| クリップボード | 61 |
| グループ化 | 218 |
| グループ解除 | 221 |
| 罫線 | 152 |
| 罫線の一部の削除 | 157 |
| 罫線の色 | 154, 156 |
| 罫線の削除 | 153, 155 |
| 罫線の作成 | 156 |
| 罫線の種類 | 154 |
| 桁区切りスタイル | 143 |
| 検索 | 304 |
| 検索条件 | 305 |
| 検索ボックス | 30 |
| 合計を求める | 100 |
| 降順 | 222 |
| コピー | 62 |
| コピーを保存 | 36, 325 |
| コマンド | 30, 32 |
| コマンドの追加 | 300 |
| コメント | 302 |
| コンテキストタブ | 35 |

## さ行

| | |
|---|---|
| 最近使ったアイテム | 40 |
| 最小化 | 30 |
| 最小値 | 107 |
| サイズ変更ハンドル | 171 |
| 最大化／元に戻す(縮小) | 30 |
| 最大値 | 106 |
| サインイン | 324 |
| 削除 | 58 |
| 算術演算子 | 81, 82 |
| 参照先セルの固定 | 91 |
| 参照先の変更 | 89 |

| | |
|---|---|
| 参照範囲の変更 | 105 |
| サンバースト | 167 |
| 散布図 | 167 |
| シート | 30, 250 |
| シートの移動 | 257, 259 |
| シートの切り替え | 252 |
| シートのグループ化 | 260 |
| シートのコピー | 256, 258 |
| シートの削除 | 253 |
| シートの追加 | 252 |
| シートの保護 | 268, 270 |
| シートの保護を解除 | 271 |
| シートの枠線の印刷 | 280 |
| シート見出し | 30 |
| シート見出しの色 | 255 |
| シート名の変更 | 254 |
| シートを並べて表示 | 266 |
| 軸ラベル | 176 |
| 軸ラベルの追加 | 176 |
| 軸ラベルの文字方向 | 178 |
| 四捨五入 | 110 |
| 四則演算 | 81 |
| 下付き | 137 |
| 指定の値より大きい数値に色を付ける | 200 |
| 自動保存 | 36, 325 |
| 斜線 | 157 |
| 斜体 | 135 |
| ジャンプリスト | 41 |
| 集計行だけの表示 | 220 |
| 集計行の追加 | 238 |
| 集計方法の変更 | 239 |
| 集計列だけの表示 | 219 |
| 終了 | 28 |
| 終了セル | 98 |
| 縮小して全体を表示する | 140 |
| 条件付き書式 | 194 |
| 条件付き書式の設定 | 196 |
| 条件付き書式の設定項目 | 195 |
| 条件付き書式の設定を解除 | 210 |
| 条件付き書式のルールの変更 | 202 |
| 条件に一致する行に色を付ける | 204 |
| 条件分岐 | 114 |
| 昇順 | 222 |
| 小数点以下の表示桁数 | 145 |

| | | | | |
|---|---|---|---|---|
| ショートカットキー | 328 | | セルのスタイル | 130 |
| 書式 | 126 | | セルの追加 | 72 |
| 書式のクリア | 129 | | セルの背景色 | 128 |
| 書式のコピー | 158 | | セルの表示形式 | 142 |
| 書式の設定 | 126 | | セル範囲の選択 | 54 |
| 書式の貼り付け | 158 | | 選択した範囲を印刷 | 285 |
| 書式の連続貼り付け | 159 | | 選択セルの解除 | 55, 57 |
| シリアル値 | 149 | | 選択範囲に合わせて拡大／縮小 | 299 |
| 数式 | 80 | | 相対参照 | 87, 90 |
| 数式と値のクリア | 58 | | | |
| 数式と数値の書式の貼り付け | 162 | | **た行** | |
| 数式のコピー | 86 | | | |
| 数式の修正 | 88 | | ダイアログボックス | 34 |
| 数式の入力 | 82 | | タイトル行 | 292 |
| 数式バー | 30 | | タイトルバー | 30 |
| 数値の切り上げ | 112 | | タイトル列 | 292 |
| 数値の切り捨て | 113 | | タイムライン | 246 |
| 数値の四捨五入 | 110 | | タスクバーにピン留めする | 29 |
| 数値の入力 | 50 | | 縦(値)軸 | 165 |
| 数値フィルター | 230 | | 縦(値)軸の表示単位 | 182 |
| 数値を千円単位で表示 | 147 | | 縦(値)軸の目盛間隔 | 180 |
| ズーム | 299 | | 縦(値)軸の目盛範囲 | 180 |
| ズームスライダー | 30, 298 | | 縦(値)軸ラベル | 165 |
| スクロールバー | 30 | | 縦書き | 141 |
| 図形 | 310 | | タブ | 30, 32, 35 |
| 図形の移動 | 312 | | 置換 | 306 |
| 図形の回転 | 312 | | 中央揃え | 138 |
| 図形の形状を変更 | 312 | | 抽出条件の解除 | 235 |
| 図形の効果 | 313 | | ツリーマップ | 167 |
| 図形のサイズ変更 | 312 | | データ系列 | 165 |
| 図形の塗りつぶし | 313 | | データの一部を修正 | 53 |
| 図形の枠線 | 313 | | データの移動 | 60 |
| 図形を描く | 311 | | データの書き換え | 52 |
| スタート画面 | 27 | | データのグループ化 | 218 |
| スタートにピン留めする | 26 | | データのグループ化の解除 | 221 |
| スピル | 123 | | データのコピー | 62 |
| すべてのグラフ | 169 | | データの削除 | 58 |
| スライサー | 237 | | データの修正 | 52 |
| 絶対参照 | 91 | | データの抽出 | 228 |
| セル | 30 | | データの抽出(テーブル) | 234 |
| セル参照 | 80, 84 | | データの並べ替え | 222 |
| セル内で改行 | 49 | | データの並べ替え(テーブル) | 235 |
| セルの結合 | 150 | | データの入力 | 46 |
| セルの削除 | 73 | | データの貼り付け | 63 |

| | | | |
|---|---|---|---|
| データの編集を許可するセル範囲を設定 | 268 | 貼り付けのオプション | 63, 160, 161 |
| データバー | 206 | 半角英数字モード | 46 |
| データ要素 | 165 | 半角入力 | 83 |
| データラベル | 186 | 凡例 | 165 |
| テーブル | 232 | 比較演算子 | 115 |
| テーブルに集計行を追加 | 238 | 引数 | 98 |
| テーブルの作成 | 233 | 左揃え | 138 |
| テーブルのデータを集計 | 238 | 日付の入力 | 64 |
| テーマ | 131 | 日付の表示形式 | 148 |
| テーマの色 | 128 | 日付フィルター | 231 |
| テキストフィルター | 231 | ピボットグラフ | 248 |
| テンプレート | 29 | ピボットテーブル | 240 |
| 特定の文字の色を変える | 198 | ピボットテーブルの更新 | 243 |
| 特定の文字を削除 | 307 | ピボットテーブルの作成 | 241 |
| 閉じる（ブック） | 30, 38 | ピボットテーブルのフィールドリスト | 241 |
| 取り消し線 | 137 | 表示形式 | 142 |
| | | 表示倍率の変更 | 298 |

### な行

| | | | |
|---|---|---|---|
| 名前ボックス | 30 | 表示モード | 31 |
| 名前を付けて保存 | 36 | 標準の色 | 128 |
| 並べ替え | 222 | 標準モード | 31 |
| 並べ替えの基準となるキー | 224 | ひらがなモード | 46 |
| 二重下線 | 136 | 開く（ブック） | 40 |
| 日本語の入力 | 46 | ファイルの同期 | 326 |
| 入力規則の削除 | 317 | ファイルを開く | 41 |
| 入力規則の設定 | 316 | フィールド | 214 |
| 入力候補の表示 | 318 | フィールドの入れ替え | 243 |
| 入力時メッセージ | 319 | フィールドの配置 | 242 |
| 入力モードの切り替え | 46 | フィールド名 | 214 |
| 入力モードの自動切り替え | 321 | フィルター | 228 |
| 塗りつぶしの色 | 128 | フィルターのクリア | 229 |
| ネスト | 116 | フィルハンドル | 66 |
| | | フォント | 133 |
| | | フォントサイズ | 132 |

### は行

| | | | |
|---|---|---|---|
| パーセントスタイル | 144 | フォントの色 | 129 |
| パスワードの解除 | 273 | 複合グラフ | 166, 192 |
| パスワードの設定 | 272 | 複合参照 | 93 |
| 離れた位置にあるセルの合計を求める | 101 | 複数シートの集計 | 262 |
| 離れた位置にあるセルの選択 | 55 | ブック | 27, 250 |
| 離れた位置にあるセルの平均を求める | 103 | ブックの切り替え | 267 |
| 貼り付け | 60, 62 | ブックの保存 | 36 |
| 貼り付け先の書式に合わせる | 162 | ブックをOneDriveに保存 | 36, 325 |
| | | ブックを閉じる | 38 |
| | | ブックを並べて表示 | 265 |
| | | ブックを開く | 40 |

| | |
|---|---|
| フッター ………………………………… | 288 |
| フッターの設定 ………………………… | 290 |
| 太字 ……………………………………… | 134 |
| 負の数の表示形式 ……………………… | 146 |
| ふりがなの表示 ………………………… | 108 |
| ふりがなの編集 ………………………… | 109 |
| プリンターのプロパティ ……………… | 281 |
| プロットエリア ………………………… | 165 |
| 平均を求める …………………………… | 102 |
| ページ設定 ……………………………… | 277 |
| ページ番号の表示 ……………………… | 290 |
| ページレイアウト …………………… | 31, 288 |
| ヘッダー ………………………………… | 288 |
| ヘッダーの設定 ………………………… | 288 |
| 棒グラフ ………………………………… | 166 |
| 保存 ……………………………………… | 36 |
| 保存形式の選択 ………………………… | 37 |

## ま行

| | |
|---|---|
| マーカー(折れ線グラフ)……………… | 190 |
| マウス操作の基本 ……………………… | 6 |
| 右揃え …………………………………… | 138 |
| 見出し行の固定 ………………………… | 216 |
| 見出し列の固定 ………………………… | 216 |
| ミニツールバー ………………………… | 133 |
| メモ ……………………………………… | 302 |
| メモの削除 ……………………………… | 303 |
| 目盛線 …………………………………… | 179 |
| 目盛線の追加 …………………………… | 179 |
| 文字色 …………………………………… | 129 |
| 文字飾り ………………………………… | 137 |
| 文字サイズ ……………………………… | 132 |
| 文字の折り返し ………………………… | 139 |
| 文字の入力 ……………………………… | 46 |
| 文字の配置 ……………………………… | 138 |
| 文字の方向 ……………………………… | 141 |
| もとに戻す ……………………………… | 296 |
| 戻り値 …………………………………… | 98 |

## や行

| | |
|---|---|
| やり直す ………………………………… | 297 |
| ユーザー設定リスト …………………… | 227 |

| | |
|---|---|
| 用紙サイズ ……………………………… | 279 |
| 用紙の中央に印刷 ……………………… | 280 |
| 横(項目)軸 ……………………………… | 165 |
| 横(項目)軸ラベル ……………………… | 165 |
| 予測候補の表示 ………………………… | 47 |
| 余白の設定 …………………………… | 280, 283 |
| 読み取り専用 …………………………… | 274 |
| 読み取りパスワード …………………… | 272 |

## ら行

| | |
|---|---|
| リスト形式のデータ …………………… | 214 |
| リスト形式の表 ………………………… | 215 |
| リストをテーブルに変換 ……………… | 233 |
| リボン ………………………………… | 30, 32 |
| リボンの表示／非表示 ………………… | 33 |
| ルールの管理(条件付き書式) ………… | 202 |
| ルールのクリア(条件付き書式) ……… | 210 |
| レーダーチャート ……………………… | 167 |
| レコード ………………………………… | 214 |
| 列の移動 ………………………………… | 76 |
| 列のコピー ……………………………… | 77 |
| 列の再表示 ……………………………… | 309 |
| 列の削除 ………………………………… | 75 |
| 列の選択 ………………………………… | 56 |
| 列の追加 ………………………………… | 74 |
| 列の非表示 ……………………………… | 308 |
| 列幅の自動調整 ………………………… | 71 |
| 列幅の変更 ……………………………… | 70 |
| 列幅を保持した貼り付け ……………… | 162 |
| 列番号 …………………………………… | 30 |
| 列番号の印刷 …………………………… | 293 |
| 列見出し ………………………………… | 214 |
| 連続した日付の入力 …………………… | 68 |
| 連続した曜日の入力 …………………… | 69 |
| 連続データの入力 …………………… | 67, 68 |
| ローマ字・かな変換表 ………………… | 329 |

## わ行

| | |
|---|---|
| ワークシート(シート) ………………… | 31 |
| 枠線の印刷 ……………………………… | 280 |
| 和暦 ……………………………………… | 149 |

■お問い合わせについて

本書に関するご質問については、本書に記載されている内容に関するもののみとさせていただきます。本書の内容と関係のないご質問につきましては、一切お答えできませんので、あらかじめご了承ください。また、電話でのご質問は受け付けておりませんので、必ずFAXか書面にて下記までお送りください。
なお、ご質問の際には、必ず以下の項目を明記していただきますようお願いいたします。

1 お名前
2 返信先の住所またはFAX番号
3 書名（今すぐ使えるかんたん Excel 2024 [Office 2024/Microsoft 365　両対応]）
4 本書の該当ページ
5 ご使用のOSとソフトウェアのバージョン
6 ご質問内容

なお、お送りいただいたご質問には、できる限り迅速にお答えできるよう努力いたしておりますが、場合によってはお答えするまでに時間がかかることがあります。また、回答の期日をご指定なさっても、ご希望にお応えできるとは限りません。あらかじめご了承くださいますよう、お願いいたします。

■お問い合わせの例

### FAX

1 お名前
　技術　太郎
2 返信先の住所またはFAX番号
　03-XXXX-XXXX
3 書名
　今すぐ使えるかんたん
　Excel 2024 [Office 2024/
　Microsoft 365　両対応]
4 本書の該当ページ
　216ページ
5 ご使用のOSとソフトウェアのバージョン
　Windows 11 Home
　Excel 2024
6 ご質問内容
　見出しの行が固定できない。

※ご質問の際に記載いただきました個人情報は、回答後速やかに破棄させていただきます。

---

今すぐ使えるかんたん Excel 2024
[Office 2024/Microsoft 365　両対応]

2025年1月3日　初版　第1刷発行

著　者●AYURA
発行者●片岡 巌
発行所●株式会社 技術評論社
　　　　東京都新宿区市谷左内町21-13
　　　　電話　03-3513-6150　販売促進部
　　　　　　　03-3513-6160　書籍編集部
装丁●田邉 恵里香
本文デザイン●ライラック
編集／DTP●AYURA
担当●田中 秀春
製本／印刷●株式会社シナノ

定価はカバーに表示してあります。

落丁・乱丁がございましたら、弊社販売促進部までお送りください。
交換いたします。
本書の一部または全部を著作権法の定める範囲を超え、無断で複写、複製、転載、テープ化、ファイルに落とすことを禁じます。

©2025　技術評論社

ISBN978-4-297-14585-9 C3055

Printed in Japan

■問い合わせ先

〒162-0846
東京都新宿区市谷左内町21-13
株式会社技術評論社　書籍編集部
「今すぐ使えるかんたん Excel 2024 [Office 2024/Microsoft 365両対応]」質問係
FAX番号　03-3513-6167

https://book.gihyo.jp/116